青鸟新知

化石故事

从 恐 龙 脚 印 到 人 类 足 迹

〔德〕凯·耶格尔 — 著
董晓男 — 译
吴飞翔 — 审订

江苏凤凰科学技术出版社 · 南京

图书在版编目（CIP）数据

化石故事 ： 从恐龙脚印到人类足迹 / （德） 凯•耶格尔著 ； 董晓男译. -- 南京 ： 江苏凤凰科学技术出版社，2024. 12. -- ISBN 978-7-5713-4830-4

Ⅰ. Q911.2-49

中国国家版本馆CIP数据核字第20243D9M76号

化石故事　从恐龙脚印到人类足迹

著　　者　〔德〕凯·耶格尔
译　　者　董晓男
审　　订　吴飞翔
封面绘图　徐　洋
总 策 划　傅　梅
策　　划　陈卫春　王　岽
责任编辑　盛　华　蔡晨露
责任设计编辑　蒋佳佳
责任校对　仲　敏
责任监制　刘　钧

出版发行　江苏凤凰科学技术出版社
出版社地址　南京市湖南路 1 号A楼，邮编：210009
编读信箱　skkjzx@163.com
照　　排　江苏凤凰制版有限公司
印　　刷　南京新洲印刷有限公司

开　　本　718 mm×1 000 mm　1/16
印　　张　14.25
插　　页　4
字　　数　280 000
版　　次　2024 年 12 月第 1 版
印　　次　2024 年 12 月第 1 次印刷

标准书号　ISBN 978-7-5713-4830-4
定　　价　58.00 元

图书如有印装质量问题，可随时向我社印务部调换。联系电话：025-83657629

献给多丽丝、克劳斯和米娜

目录

CONTENTS

1 淋透了的骨头

7 如何成为古生物学家

13 谁能从古生物学中受益

17 化石猎人须知

27 古生物学小知识

69 东亚化石狩猎

77 工具箱一瞥

87 演化是什么

105 生命之树

121 恐龙到底经历了什么

161 重新洗牌

179 大爆炸后的哺乳动物

195 人类化石

219 结语：我们的未来将会如何

223 致谢

淋透了的骨头

连绵不绝的大雨倾盆而下，我张开四肢躺在一处采石场的岩石上，竭力用我的身体保护一排化石足迹，尤其是那些填充在其中的模制材料，以免它们受到倾泻而下的雨水的侵袭。我为什么要这样做呢？

因为我是一名古生物学家。确实，这需要说明一下。

大雨从前一天晚上就开始下，以致营地的积水已经差不多有十厘米深了。再多一厘米，水就会顺着帐篷入口流进我的帐篷。但湿气还是慢慢渗透到帐篷底部……还有什么比从潮湿的睡袋里醒来更糟糕的呢！尽管经历了前一夜的暴雨，新的一天还是美好地开始了。与我们所在的这块荷兰露营地上的众多度假者不同，挖掘队的大多数成员都准备得相当充分。我们一个个从睡梦中醒来，走进我们的共用帐篷，围坐在早餐桌前。食物是从最近的超市购买的，既然我们在荷兰，当然不能少了 Vla（一种荷兰特色甜品）。挖掘队领队宣布，今天的天气预报是晴雨交替。如果场地变得太泥泞，我们可能要被迫暂停工作；然而，时间已经不多了，过去几天发现的化石还需要被完全挖掘出来。此外，我们还需要对过去一个半星期中清理出的岩石中的爬行动物足迹进行铸模，以便稍后制作标本。

我们收拾好背包，将挖掘设备扔进了车里，然后启程前往温特斯韦克附近的石灰岩采石场。我们中的一些特别有毅力的成员每天早上都会骑自行车从露营地走这段路，而我则像往常一样，抓住这个机会在后座打个盹儿。当我们抵达采石场时，天气已经变得像前几天一样温暖宜人了。坑里的温度有时会升到将近 40 ℃，大部分时间我们都头戴里面垫着湿毛巾的安全帽工作。

像往常一样，我们把设备分装到独轮手推车上，然后沿着一条田间小路来到通向采石场内部的螺旋坡道。这一天我非常幸运，因为已经有其他队员推着那些手推车了。

不，这个幸运并不是指我省了点儿力气，而是一个小小的但令人愉悦的事情，那就是我不用活活被“吃”掉了。因为在进出采石场的路上，我们的队伍经常会遭到成群的黑色虻虫的袭击。当然，这时大家都会迅速加快脚步，手舞足蹈地驱赶这些虫子。不过，这些虻虫在大多数情况下不会追逐受害者进入炎热的采石场太远，而是一旦到达弯转坡道就会掉头回去。它们在回程的路上会聚集在我们队伍中较慢的成员身边——那些费力地推着独轮手推车的人。当你发现自己处于这种不利的位置时，你有两种选择，要么放下独轮手推车，通过有针对性的打击来阻止虻虫每一次的降落尝试，尽管这会使前进速度更慢；要么保持方向，牢牢抓住独轮手推车，咬紧牙关，希望在你失血过多之前赶到弯转坡道。

到达采石场后，我们在中间一层搭起帐篷，用来遮阳、遮雨和庇荫。这里是化石最为丰富的地层。在这里，我或许应该解释一下采石场的结构：请想象地面上的一个矩形洞穴，它大约有 30 米深，直径几百米宽。灰色的岩壁垂直下降。每隔几米就有一个新的“地层”，可以看作是一个层叠的平台，在这里可以进行上方岩壁的开采。每个地层之间通过倾斜的坡道连接在一起，这使得卡车能够轻松进入较低层的区域。过去几天，我们已经在其中一层开始了化石开采，现在还有很多化石等待着被完全从岩石中开采出来。

与此同时，我们的标本制作专家正在通往最底层的坡道上搭建第二顶遮阳篷，用来对已经清理出来的化石足迹进行硅胶铸模。在足迹化石上方搭建帐篷非常重要，因为天气预报说可能会下雨，而湿漉漉的硅胶是无法固化的。在这里，我想稍作停顿，简要聊一些相关的事情：这个采石场的岩层形成于大约 2.4 亿年前的三叠纪时期。对于古生物学家而言，这没啥大不了的。此外，发现骨骼化石并不是我们进行大规模发掘的唯一原因。在温特斯韦克，还有一件极具吸引力的事情：除了骨骼化石，同一发现地点还保留了足迹化石，这是难得的幸运。在大多数古生物化石发现地，要么只有足迹化石，要么只有骨骼化石，两者同时出现的情况相当罕见（这会令每位古生物学家都激动不已）。而更不寻常的是，这些足迹来自陆地生物（你可以把它想象成类似于蜥蜴的样子），然而位于上层地层中的骨骼却可能属于完全不同的海生爬行动物。我们可以通过海平面的波动来解释这种现象。在一个因潮汐而不断干涸又被淹没的浅滩地区，一些三叠纪时期的爬行动物在寻找被冲上来的食物时，在这里留下了足迹。几千年后（从地质角度看，这真的是很短的时间），海平面稍微上升，这片以前的湿地已经完全被水覆盖。上面覆盖的地层不再保留有足迹，但保存了许多海生爬行动物的骨骼。如果你对“地层”等专业术语还不太熟悉，别担心，在接下来的几章里，我们将会一起了解那些必要的背景知识，以此来帮助你成功进行这场化石狩猎。

现在让我们回到采石场的工作中。前几天的酷热终于过去了，现在天空多云，天气凉爽，足以让使用锤子和凿子进行工作变得可以忍受了。幸运的是，天气预报中的雨还没有到来。然而，午餐过后，情况发生了变化。

一场夏日骤雨突然倾盆而下，和前一晚几乎淹没我们露营地的雨量相当，将整个挖掘现场淋了个透。岩石很快被灰色的石灰泥覆盖，这让正常作业变得几乎不可完成。几乎所有的挖掘队员都背着背包和重要的设备挤在中层的帐篷里。只有制样员仍然坚守在下一条坡道的脚下，他在那里继续忙着用硅胶浇铸已经挖掘出来的足迹化石。在周围的世界即将淹没之际，我们看到他瘦小的身影仍然在我们下方坚持工作。随着时间的推移，我注意到他在那片临时遮挡物下面持续忙碌着，不停地进行各种操作。大约过了1小时，我站了起来，拿起我的背包，告诉挖掘队长我要去另一个帐篷看看是否能帮上忙。走了几步之后，我已经湿透了，内心开始后悔自己的决定。当我快速走了一半的路程后，我开始加速跑了起来，因为此刻我终于意识到，为什么制样员一直在帐篷里来回忙碌。在我旁边，所有从上方涌下来的雨水都在寻找通往下方的出口。我们前几天挖掘的足迹化石正位于这条坡道的最底部。我们挖了一条沟槽，大约有2米长，50厘米宽，比周围的岩石低约10厘米。现在，这个沟槽已经被硅胶填满，用以铸模里面的足迹化石。然而，尽管硅胶通过上方第二顶帐篷得以免受雨水侵袭，但大量的水却顺着坡道倾泻而下，恰好流入我们所挖的沟槽中。而我们必须竭尽所能保持槽内的干燥，因为我们既没有足够的硅胶，也没有时间来进行第二次浇铸。直到抵达帐篷，我才明白了这一切，只见我们的制样员匆匆地用挖掘工具、背包以及其他一切可用之物，筑起了一个临时的堤坝，环绕在铸模区域四周。我立刻将我的背包扔到了这个临时堤坝上，然后我们开始一起用镐头挖掘第二条排水槽。这样一来，一部分水成功地被引导了出去，但硅胶仍有可能受到被淋湿的威胁。此刻，我们只剩下一个选择了：我们分别躺在挖出的足迹两侧，用我们的身体和两个临时堤坝构成一个保护性的四方形。

于是，我就这样躺在那里，周围满是泥浆、雨水和硅胶，但我却感到无比快乐。

幸运的是，很快另外几名队员也下来加入了我们（可能是他们看到我们躺在地上好几分钟后察觉到了不对劲）。就这样，我们一起成功地保护了这个区域。不久后，雨停了下来，我们不仅全身湿透，还筋疲力尽，但古生物足迹完好无损。这一天结束时，每个人都感到幸福和满足，因为尽管作为古生物学家，我们通常要坐在电脑前度过大部分时间，但是每当我们置身于寻找化石的征程中，亲身经历风雨，双手沾满泥土，那才是真正属于我们的世界。

如何成为古生物学家

对我来说，确定自己的理想这件事情应该很容易，但其实这件事却像鸡和蛋的问题一样难以回答（顺便说一句，我们将在本书中解答这个问题）。当其他孩子的理想是在成为消防员、兽医或航天员之间不断变化时，从我记事起，我就一直梦想着成为一名古生物学家，没有明确的原因，仿佛这个目标从一开始就刻在我的基因里一样，从未动摇过。我从来没有过“以前的理想”。因此，多年来，对于那个著名的“你长大后想成为什么”的问题，我的回答总是坚定而自信：“古生物学家！”如果在我的成长过程中，曾经存在过一个机会可以选择一条能够带来金钱、名声、安全、闲暇和认可的职业道路，也就是科学以外的职业道路，但在我经历了童年时期的一次关键事件后，这个机会也早已不存在了。

在博恩市区的比埃尔区有一条叫作维利歇尔的小溪，一代又一代的孩子们都曾在那里搭过水坝。它没有什么显著的特点，只是流过田野和草地，最后注入莱茵河。那里有一座小桥，深受散步者的喜爱。如今，这座桥是由砖块建成的，但在 25 年前，它还是由板岩块组成的。有一天，我父亲带我去了那里，我当时只有 4 岁，我们带着锤子和凿子去寻找化石。正如我们后来所看到的，能找到化石的机会总是非常渺茫的。然而，由于幸运的巧合（或者也可能是我低估了父母对地质知识的了解），这座桥实际上是由 4 亿年前海底沉积物形成的岩石构成的，这些岩石来自现在的洪斯鲁克地区，当时的海洋底层化学条件非常有利，使得那些在那个时期死去的生物能够被保存在沉积物中，最后变成化石。

然而，在我们合力将一块松动的岩块从桥上取下时，我们并不知道这一切。我父亲把工具递到我的手中，握住我的手指，然后我们一起劈开了岩石。接下来，接连发生了两个幸运的瞬间：我亲手劈开了寻找化石的第一块石头。更棒的是，我真的找到了化石！一个发现化石的古生物学家就像一个刚刚中了头奖的赌徒。你可以想象一下，在经历了如此的兴奋后，对于一个已经被这样的经历深深吸引的孩子来说，其他职业前景对他已经毫无吸引力了。

在我面前的是一块黑色的页板，上面有明显属于某种生物的浅色印记，而现在它属于我了！当时，我当然不知道那石头上面是什么，或者这块化石有多久的历史，但我知道，我手中的这个东西曾经鲜活，曾经生机勃勃，曾经为了生存而努力过，简而言之，在遥远而漫长的岁月里它曾经存在过！在那个还没有人类存在的时代，没有人可以观察、理解或者研究它！而如今，数百万年过去了，我成为第一个凝视这种生物的人，手中握有那已逝世界的时光深渊中一抹微小的火花。好吧，我承认，作为一个 4 岁的孩子，我可能还无法完全理解这样的想法，更多的是通过狂蹦乱跳和骄傲的呼喊来表达我的激动："爸爸！爸爸！一块化石！"——是的，我 4 岁的时候就已经会说"化石"这个词了。即使当时对于一块化石可以通过跨越时间维度的桥梁连接到一个失落时代的想法尚未完全形成，但过去的生命的魅力在我幼小的意识中已经开始燃烧起来。

然而，当我试图敲下桥上另外一块石块时，我的父亲阻止了我，这让我非常沮丧。他说："嘿！我可不能让你把桥都给拆了。"这句话至今仍回荡在我的脑海中。尽管如此，我仍然坚持着当时徒劳的立场，这块岩石也已经松动了！

所以，我未来的职业就这样确定了。然而，在我与我的职业之间还有几年的幼儿园和学校时光。在这段时间里，我的儿童房里自然而然地堆积了大量的恐龙玩具。对其他孩子来说这是一种爱好，而对我来说已经几乎成了痴迷。在我 6 岁的时候，电影《侏罗纪公园》上映了，这是一件让我特别困扰的事情，因为我妈妈认为这整部电影对一个 6 岁的孩子来说太过刺激了，因此我们决定一起分段观看，每天只能看 20 分钟。你肯定可以想象这个提议让我有多么激动。但在第一次被强制中断观看后，我感到非常沮丧，所以我趁着爸爸妈妈不在家的时候，第一时间找到了录像带，看完了整部电影。但接下来的几个晚上我都无法安心入睡，不过，这绝对是值得的。

迈向学业之路

时常有学生向我咨询，想知道要成为一名古生物学家需要做些什么。在我看来，最重要的前提条件就是满怀兴趣，对此着迷。大部分成功的古生物学家都在多年的探索中一直保持着对自己的领域以及对化石的一种童心未泯的热情。这并不一定需要成为恐龙迷，无论你对植物化石、微生物还是贝壳感兴趣，只要内心有热情，都能在这个领域发光。这份热情也可以源自对生物学的着迷，不一定要与已经灭绝的生物有关。事实上，许多优秀的古生物学家最初学习的都是生物学。古生物学和生物学这两门学科都揭示了生命的多样性和奥妙。

除了对生物学的热情，良好的英语能力当然也是必不可少的。

毕竟，大部分专业文献都是用英语撰写的，而且你还需要参加国际会议并与来自世界各地的同行进行交流。此外，在上大学前，除了或许能在研究所或博物馆完成学生实习的机会，几乎无法直接为日后成为古生物学家做任何准备。

而在高中毕业后，第一个重要步骤是去读有古生物相关专业的大学。通常情况下，古生物学不是一个独立的专业，你也可以选择学习地球科学，古生物学通常会作为地球科学的一部分，或者可以选择学习生物学，然后将古生物学作为选修专业。需要注意的是，学习考古学并不会对成为古生物学家有太多帮助。考古学与古生物学最大的共同点可能是，两者常常被人们混淆。考古学家与历史学家密切合作，挖掘人类的文物和遗骸。而古生物学家则与地质学家合作，寻找岩石中的化石。因此，考古学致力于研究人类的历史，而古生物学则探究生命演化的历史。除了在人类演化过程中的极小交集，这两个领域通常相隔数百万年。如果你更偏向学习地质学，那么应该选择一所在地质科学中拥有强大古生物学方向的大学（就像我选择了波恩大学）。这样，在完成学业时，你虽然获得的是地质学学位，但可以将重点放在古生物学领域的学习。学习地质学的优势在于更容易理解环境，从而发现化石并解释其生存环境。然而，劣势在于通常需要额外学习大量有关生物学方面的知识。而选择生物学学习的路线，则自然会在生物学方面更具优势。

但无论选择哪条路，一开始都要建立起对我们周围以及之前时代的生命和大自然的兴趣。

谁能从古生物学中受益

“这一切有什么意义？”作为一位古生物学家，你可能会经常听到类似的问题，就像研究拜占庭学或医学历史的人一样，这个问题也并非毫无道理。

古生物学在很大程度上是基础研究，其目标是更多地了解我们周围的世界，无论是否会实际应用以及产生最终的经济效益，都不是关键。然而，人们常常将科学获得新知识的过程与产品开发的过程混淆在一起，后者旨在最终获得一些实际的成果。

19 世纪末，当玛丽 · 居里研究放射性元素时，没有人能够预见到放射性元素的发现会产生什么后果（除了负面影响，还带来了无数积极的影响，例如医疗技术的革命）。我们无法预知，所获得的知识最终是否会带来实际的应用价值，是否能产生所谓的回报。然而，历史不断向我们证明，知识这一宝贵的资源往往源于基础研究之初的探索和发现。

请想象一下，你想要制作一张地质图，能够一目了然地显示哪些地区适合进行地下资源开采。这正是 19 世纪初英国地质学家威廉 · 史密斯所面临的挑战。与今天不同的是，他当时没有用物理测量方法来确定两个不同地点的岩层的年代是否相同。然而，作为最早的先驱之一，他意识到，特定的化石可以用来在相隔甚远的地方对比同龄地层。凭借标准化石，他成功创建了英格兰和威尔士的首张地质图，而这张地质图的基本结构至今仍然适用。在此过程中，他主要依靠了无脊椎动物，如珊瑚、腕足类或菊石等常见的化石（这些化石在后面还会多次提到）。直到现代方法出现前，化石在采矿业中一直扮演着重要角色。如今，许多微体古生物学家在更精确的层面上继续开展这项工作。这就是为什么我们能够利用有孔虫——这种微小的单细胞生物精确地引导钻头穿过昔日海底的不同地层寻找油床。

此外，还有一些微小的化石本身就可以作为原材料开采。湖泊和海洋中存在大量微小的硅藻，它们的外壳在适宜的条件下能够形成岩石。硅藻土是一种在工业过程中表现出色的岩石。这种被广泛使用的岩石完全由浮游植物的外壳化石组成。

古生物学涉及钻探的另一个应用是从船只或浮动平台上对湖底进行钻探，进而对获得的岩芯进行分析。在湖底分层细致的地层中，可以识别出单个年轮周期，这样我们就能够为岩芯中的每个位置确定精确的年代。在这方面，古植物学家发挥了极大作用，他们研究在湖泊沉积物中沉积下来的古代植物花粉，并将其归入相应的母体植物。通过这样的方式，我们可以穿越时间，重新构建湖泊周围植被的组成情况，从而推断出当时的气温和降水量以及它们随着时间而发生的变化。你可以想象，在过去几十年里，气候变化问题变得日益严峻，此类研究的数量显著增加。因为只有通过精确还原过去的气候情况，我们才能对未来做出准确的预测。在这方面，古植物学发挥了重要作用。

除了在气候研究方面的贡献，古生物学还有助于更好地了解过去的生态系统，从而帮助我们保护现在的环境。而对过去了解越多，我们对未来的预测就越可靠。

最后但同样重要的是，世界各地的古生物学家们辛勤工作，每天都致力于在博物馆里向孩子们以及保持内心童真的成年人们展示巨大的恐龙骨架或美丽的古生物化石收藏，令他们眼中闪烁出光芒。这种喜悦甚至能够贯穿全年！

化石猎人须知

如果你打算寻找化石，那就得做好弄脏衣服、鞋子和双手的准备。在进行挖掘时，除了要付出体力，还要了解一些关于化石的背景知识，否则最终可能会双手沾满泥污，化石发现却空空如也。

根据所处地区以及所要寻找的化石种类等，古生物学挖掘可能会呈现出不同的特点。但它们都有一个共同点，那就是一切都始于对地质图的观察。想要寻找化石，我们首先需要了解在哪里能挖掘到化石，理解不同岩层的特点。

从地质学的角度来看，全球的岩石可以分为三大类：火成岩、变质岩和沉积岩。以古生物学家的视角来看，可以分为无化石、无化石（事实上确实）和可能含化石。

在这三大类岩石中，从地壳整体组成的角度来看，沉积岩无疑是最不常见的一类。幸运的是，地表的很大一部分，也就是我们大多数人主要活动的地方多被沉积岩覆盖着。

如果你现在打算放下这本书，穿上登山鞋，拿着锤子和凿子，踏上征程，那么在此之前，请务必继续阅读下去。因为不幸的是，大部分沉积岩中并不含有化石，我向你保证，你读完这本书再去寻找化石的速度将会比你贸然开始去尝试寻找化石的速度快。所以，请放松心情，脱下登山鞋，回到让你舒适阅读的地方，让我们有条不紊地开始一点一点进行探索。

火成岩

火成岩的形成始于地球深处，炽热的熔融物质（岩浆）从地底上升，其中大部分熔融物质上升的速度非常缓慢。在这里，让我简要解释一下地质学家在谈论“快”和“慢”时所考虑的时间尺度。举个例子，比起亲眼见证岩浆在岩浆库中缓慢上升的过程，你可能更容易理解拨打客服热线时排队等待一个接电话的工作人员。这个过程类似于熔岩流（一个非常缓慢、巨大且温暖的熔岩流）中一块块物质的上升，这需要数百万年的时间（这样一比较，等待电话接通的时间几乎就可以忽略不计了吧）。随着岩浆缓慢上升，熔融物逐渐冷却，因此有充足的时间进行完全结晶，由此形成的岩石被称为深成岩。它们的特点是完全由大型的明显可见的矿物构成。一个常见的例子就是花岗岩。如果你曾好奇花岗岩中是否可能嵌着化石，很抱歉地告诉你“不太可能”，因为它在达到地表之前已经凝固。

然而，岩浆并不总是遵循缓慢的路径上升。火山喷发便是岩浆快速上升的例子。从有趣的地质现象到庞贝城式的灾害都有可能是岩浆迅速上升的结果，这取决于岩浆的体积、压力和化学组成，由此形成的岩石也各式各样，但它们很容易与同源的深成岩区分开来。由于岩浆上升速度很快，熔融物质无法冷却，因此缺少深成岩的典型晶体结构，其基质（岩石的主要组成部分）非常细腻，难以分辨出单个矿物。这一类别中最著名的例子可能就是玄武岩了。

火山岩和深成岩构成了火成岩，这样一说，或许我们就会更容易理解，为什么说它们并不是寻找化石的理想选择了。原因简单明了，岩浆存在于地球内部，而化石却存在于地表。形成深成岩的熔岩在地下冷却并结晶，在到达地表之前就已经成为固体，不可能接触到生物。即便熔岩流至地表，也对有机物质的保存非常不利。想象一下，如果把一盆植物扔进熔岩中会发生什么。

火山岩中基本上也不太可能保存有化石，只有极少数生命痕迹保存了下来，最著名的例子就是在开姆尼茨自然博物馆展出的一片森林化石。这片森林曾被火山灰和火山碎屑流覆盖（火山碎屑流是指由气体和小颗粒组成的高温快速云团），后来被岩石中的硅酸盐硅化，发生了化学变化。在这个过程中，每根树干的形状都得以保留。然而，在火山岩中发现这种化石的情况极为罕见，这需要火山喷发的类型、周围环境、不幸的生物、化学成分以及幸运的巧合都完美地结合在一起。因此，作为科学家，不能寄希望于此类发现。然而，如果我们将时间跨度从考古学时代（数千年）延伸至地质学时代，那么著名的庞贝城中保存下来的蹲姿人类遗骸的例子也并不会给我们带来太多的启示。在几米厚的新岩层多次压缩火山岩层后，这些令人惊叹的遗骸是否还能被识别出来，实在是一个很大的疑问。（编辑注：在中国内蒙古乌达煤田，中国科学家发现了独属于中国的“植物庞贝城”——一场巨大的火山喷发，将这片2.98亿年前的沼泽森林封存在地下。2024年，这片化石森林入选第二批世界地质遗产名录）

变质岩

变质岩是指那些曾经形成于地表附近或地表上，后来受到高压和高温影响的各种岩石，其中最著名的例子可能就是大理石了。通常情况下，大理石最初是一种普通的石灰岩（一种沉积岩），其矿物质在压力和温度的作用下形成变质岩。地球上，只有两个地方存在足够的压力和极高的温度，足以对岩石产生广泛影响：一个是地球内部，另一个是两块相对移动板块的交界处。当一块板块向下俯冲时，另一块板块被挤下去，消失在地下。在这个过程中，岩石就像是被传送带推向地下，逐渐承受着越来越高的压力和温度。受到这些影响，岩石可能会形成全新的矿物，完全失去原有的特性。同时，岩石体的运动也可能会导致一种“扭曲”，使岩石表面形成条纹。用最简单的方式来理解变质作用是：请想象一下，把各种不同颜色的蛋糕面团叠在一起，用擀面杖轻轻压扁，再来回擀平一到两次，然后稍微揉搓，接下来便送进烤箱进行烘焙。根据揉搓的强度和时间的长短，最终的成品将与一开始的蛋糕面团的分层截然不同。只要用擀面杖施加几千千帕的压力，再让烤箱保持数百摄氏度高温一段时间，你会发现面团与岩石有一个共同点：它们都表现得像是可塑且可移动的物质。尤其是在考虑漫长的地质时期时，炽热的岩石更像极为黏稠的液体。

岩石的变质过程虽然令人着迷，但对于“化石究竟藏在哪里”这个最初的问题，并没有多大帮助。因为在这一点上，每个人都能够理解，化石在变质岩中要么完全消失，要么变得像萨尔瓦多·达利的画作一样令人难以捉摸。

如果你此刻有着和我当年在课堂上一样的疑问：到底在哪里才能找到化石呢？那我就不再卖关子了。

沉积岩

沉积岩包括在地表形成的所有岩石。它们的形成涉及生物、化学和物理等多种过程。例如，沉积岩可以是在干涸水体的残留物中形成的石膏沉积，也可以是在沙漠和河流沉积物中形成的砂岩，还可以是与形成珊瑚礁的生物有关的石灰岩。这些岩石在地表的形成是有机体被封存的第一条件，而在最佳情况下，促成这一过程的因素千差万别，从有机体的潜在迁移、周围环境介质的化学条件、分解过程，一直到沉积物的特性都起到关键作用。研究这些过程的领域被称为埋藏学，它涵盖了从死因（类似古生物学的法医学）到化石形成的一系列过程。虽然与岩浆岩和变质岩不同，沉积物确实有可能捕获过去生命的痕迹，但并不意味着这一定会发生。正如我的一位教授在课堂上说过的："生物不断死亡，但并非所有死亡的生物都能被保存下来。化石是一个特例，某种程度上是一种异常情况。"因此，大多数沉积岩中并不包含化石，只有在化学和物理条件恰到好处的情况下，生物遗骸才有可能真正变成化石。沉积岩的产生方式本身就为保留过去生命的痕迹提供了可能性。

接下来，我们需要探讨的问题是，我们要寻找哪种类型的生物。在沙漠沉积物中去寻找海胆，显然不太可能成功。因此，我们需要根据它们的起源将沉积物进行分类。我们可以粗略地将其分为深海沉积物（例如细粒深海沉积物）、浅海沉积岩（包括在浅滩潟湖中形成的石灰岩）、河流沉积物（如干涸河道中的沉积物）、湖泊沉积物（湖泊中的沉积物）和陆相沉积（例如山脉斜坡上堆积的冲积扇）。在寻找陆地生物时，我们通常可以在各个地区，甚至在深海沉积物中找到它们的痕迹，但陆地沉积物容易受气温和降水的影响，这导致它们更容易消失。相比之下，海洋生物虽然主要限定在两种海洋沉积类型中，但因为海洋的“蓄水池”特性，为沉积物的形成和保存提供了理想的条件。

就像寻找矿产资源一样，通过外表并不总能看出岩石的潜力有多大。当你真正找到一个存在化石的岩层时，你会感到欣喜若狂。我可以用我的亲身经历告诉你，那感觉就像一位淘金者在多次尝试后终于发现了一条水底闪闪发光的溪流。当你敲击一块岩石时，眼睛所看到的是与平常不同的东西，一种兴奋的感觉涌上心头，紧张感逐渐升高，你会仔细观察，如果那真的是一块化石，这种兴奋感通常会达到顶点，就好像在挖掘时，突然有人叫其他人过来看，展示出一些令人惊叹的东西，这是一种非常特殊的体验，很难与我们日常的经历相提并论。

人们使用与采矿相似的术语，将大规模的化石储层称为矿床。这些化石矿床就像是古生物学的宝藏，可以分为保存型和富集型两种类型。前者通常拥有少量但保存得非常完好的化石，而后者虽然保存有大量化石，但化石质量通常较差。例如，河流将许多化石聚集在一起，但每块化石可能会受损，不再是一个完整的整体。相比之下，宁静的沉积环境，如湖泊提供了有机体整体保存为化石的条件，德国黑森州的梅塞尔化石坑自然遗址就是这种保存型矿床的著名例子。这些发现之所以备受瞩目，是因为它们保存得十分完整，甚至还保留了一些软组织的细节。

现在，你已经知道在开始化石狩猎前，首先需要查看地质图，然后寻找合适类型的沉积岩。但在出发前，还需要再花些时间确定化石所在地层的年龄。例如，如果想要找到一只霸王龙

（*Tyrannosaurus rex*），就应该在约 6600 万年前的晚白垩世地层中寻找。而如果想要找到剑龙（*Stegosaurus*），可以在约 1.5 亿年前的早侏罗世地层中寻找。这里我要告诉你一个令人惊讶的发现，那就是这两种恐龙在世界各地的儿童房里（还有大量的书籍里）进行了无数次的对战，但实际上，它们在存在时间上的差异甚至比我们距离霸王龙还要远。除了地层的类型，岩石的年龄对我们来说也非常重要。那么，作为化石猎人，我们要如何确定地层的年龄呢？

为了解决这个问题，让我们回到 17 世纪的丹麦（对于古生物学家来说，这就像是昨天），一起看看伟大的自然学家尼古拉斯·斯特诺（1638—1686）是如何确定地层年龄的。这位博学多才的学者被认为是地质学和古生物学的奠基人之一。他的一些观察现在看来可能很普通，但正是这些观察让他认识到化石是生物的遗迹，而不是“大自然的恶作剧”。这一发现使他得出结论：岩石是逐渐沉积形成的，地层最初是水平沉积的，新地层位于老地层之上。但如果构造运动使地层产生变形，那么，老地层就有可能覆盖在新地层之上。另外，斯特诺还认识到，虽然某些地层分布在不同地方，但它们的特征仍然是相同的，因此它们实际上是相同的地层，也就是说，它们是在同一时期沉积的。这种对周围地层的全新观察，让人们首次能够理解地层形成的时间顺序。

这一原理在地质图上的呈现如下：每种地层都有自己独特的颜色，并且只要出现在地表上，就会被标注为特定的颜色。而且，通常以较深的颜色标示较老的地层。想要了解更详细的特征和年代信息，可以参考地图上的图例和相应的图解。

你已经在地质图上找到了一个有可能发现你梦寐以求的化石的岩层？太棒了！现在我们暂时不考虑资金、挖掘许可、季节等烦琐的问题，直接进入实地（现在你可以穿上登山鞋，以增添氛围感）。现在关键是，你所选择的地层是否位于中欧地区或者更倾向于温暖干燥的地区。如果你选择的地层位于植被稀疏的纬度，那么你很幸运，可以跳过下一部分。

但如果你选择了离家（译者注：这里指德国）更近的地方，那就有一个问题了。因为无论你在地质图上找到的地层位于何处，很可能在中欧地区，有一片森林或农田（也就是说，有好几米厚的土壤）覆盖在你的地层上方。世界上没有谁会提供足够的挖掘预算，让你随便挖一个足够深的洞，更不用说砍伐整片森林了。尽管这些挖掘对于当地居民可能不是很受欢迎，但对于古生物学家而言，这些挖掘通常是能够深入观察地下的唯一途径（就像飞蛾被灯光吸引一样，古生物学家会被采石场吸引）。

你在附近找到了一个采石场？太好了！现在我们可以去野外探索了。第一步先是勘探，如果大致知道化石在类似的地层中是什么样子的，那么就有了很大的寻找化石的优势，因为我们的眼睛已经习惯了特定的寻找模式。这也解释了为什么在一个发掘现场普通人和经验丰富的古生物学家一起进行搜寻，最终结果可能是古生物学家找到 26 块化石，而普通人却一块也没找到。专业人士不会盲目地搜寻化石，而是先询问那些已经在现场搜寻过的人，这些人可以是当地居民、采石场工人或业余收藏家。在挖掘开始时，这种沟通通常会提供很多有用的信息。

在本书中，我们将反复涉及不同的地质时代。为了更好地进行理解，这里有一张简化的地质年代表，列出了各个地质时期。尽管地球有着46亿年的历史，但我们将主要关注最年轻的部分——显生宙，即古生物学家发现更复杂生命化石的时期。

宙	代	纪	距今年代（百万年前）
显生宙 5.41亿年前—现今	新生代 0.66亿年前—现今	第四纪	2.588 — 现今
		新近纪	23.03 — 2.588
		古近纪	66.0 — 23.03
	中生代 2.25亿—0.66亿年前	白垩纪	145.0 — 66.0
		侏罗纪	201.3 — 145.0
		三叠纪	252.2 — 201.3
	古生代 5.41亿—2.52亿年前	二叠纪	298.9 — 251.9
		石炭纪	358.9 — 298.9
		泥盆纪	419.2 — 358.9
		志留纪	443.4 — 419.2
		奥陶纪	485.4 — 419.2
		寒武纪	541.0 — 485.4

古生物学小知识

始祖马骨骼、琥珀碎片、2 亿年前的鱼鳞、一桶原油、白垩峭壁、白垩纪贝类化石、恐龙脚印或者是一些褐煤，都可以算作化石。如果要问什么是化石，那答案是一切生物留下的痕迹。前提是这些痕迹的年龄要超过 1 万年。在我们继续探讨化石能诉说生命的起源这个主题之前，让我们先了解一下化石都包括哪些类型。

实体化石是古生物遗体的全部或部分保存下来形成的化石。恐龙脚印也是过去生命的痕迹，它们被称为遗迹化石。一个有趣的问题是，足迹化石和它们的制造者几乎从未同时被发现。因此，很多足迹很难被归属到特定的物种，因为通常会有多个可能的候选对象（或在某些情况下甚至没有候选对象）。正因如此，遗迹化石和实体化石被划分为独立的类别。

Chirotherium（手兽）是一种在德国特别常见的五趾生物的遗迹化石，它在约 2.4 亿年前的中三叠世留下了足迹。这些足迹的制造者有可能是提契诺鳄（*Ticinosuchus*），它是现代鳄鱼的陆地近亲，在当时是主要的掠食动物。这些足迹保存在波恩大学的戈尔德福

斯博物馆中。

当我们谈论早期生物的“遗留物”时，肯定不能忽略粪化石。从科学角度来看，粪化石确实有其价值，因为它们可以提供关于某些物种饮食习惯的重要信息，有些古生物学家对这种化石类型有着非常高的研究热情。

图中展示的这些是来自波恩大学的戈尔德福斯博物馆里的粪化石。对于不熟悉的人来说，很难将这些粪化石与岩石中的无机结核区分开。它们的形状通常是椭圆的，有时稍微呈螺旋状，其化学成分也可能为我们提供线索。

运气好的话，其中还可能保存有动物生前最后一餐的可辨认残余物。19世纪晚期，在英国东部的剑桥郡，由于这些粪化石中富含磷，它们成了工业化采矿的对象，与其他化石一起被开采出来。如今，在剑桥郡附近的伊普斯威奇港口，还有一条粪化石街，那里曾经有一家生产磷酸盐的工厂。

从广义上讲，琥珀也属于化石，因为它是树脂的化石。琥珀中常常保存着过去生命的遗骸，例如昆虫、植物残骸，甚至小型脊椎动物。不过包裹在琥珀中的生物遗体实际上大多已经不存在了。大多数情况下，它们只是被树脂包裹的空腔。因为琥珀是有机材料，并不完全密封。因此，如果你在琥珀中看到一只栩栩如生的蚊子，但当你打开它时，可能会发现，它只剩下一个蚊子形状的空腔。

如果你是琥珀首饰爱好者，并且打算在跳蚤市场上购买一件琥珀首饰，那么请务必小心，特别是那些非常惊艳的作品，因为它们往往是伪造品。如果你想区分真正的琥珀与伪造品，可以用如下方法来鉴别。

当你使用放大镜仔细检查琥珀时，请注意仔细观察琥珀交易商的表情和态度。如果卖家看起来很紧张，那么你最好就不要购买这些琥珀了。更好的方法是进行打火机测试，但这主要适用于你已经拥有了这块琥珀的情况。你只需将琥珀短暂地接触火焰，然后闻一闻。真正的琥珀应该有树脂的气味。如果闻到的是熔化塑料的气味，那么你买到的琥珀应该是伪造品。

琥珀的分布范围受限于过去曾经有茂密森林并且有利于树脂保存的地点，而海洋生物的化石在全球范围内非常常见。大多数人可能已经见过贝类化石或菊石（看起来像蜗牛，但实际上是乌贼的近亲）。特别是后者，它们还会被用来进行地层年代测定（稍后会有更详细的介绍）。

这些有着坚硬外壳的软体动物分布如此广泛似乎也不足为奇。海洋孕育着众多生物种类，而坚硬的外壳很容易被保存下来。有趣的是，我们看到的结构通常并不是贝壳化石本身。让我们想象一下，当一只贝壳被半埋在地下，沉积物逐渐覆盖住它并穿过贝壳张开的部分进入贝壳内部，那里的软组织已经腐烂分解，当沉积物逐渐变得坚固时，贝壳被剥离，只留下了贝壳内部的沉积物，被称为核化石，其展示的纹理和凹凸，实际上呈现了贝壳内部的结构。

当然，大自然的创造力还会进一步发展。当贝壳被沉积物填充形成内核，贝壳在被分解前，可以用其外壳在尚未凝固的沉积物中留下图案形成外核。在贝壳消失后，外核压在内核上，就形成了“铸型化石”。

在我们继续本章开头提到的化石清单之前，我想简要地谈谈硬壳动物，并向你介绍一个有趣的现象。这个现象被称为“沉积物填充水平现象”。你是否曾注意到，当把瓶子或玻璃杯浸入盛满水的水槽中时，虽然容器里会迅速被水填满，但顶部总会留有一小团空气，直到你将它倾斜到足够的角度，空气才能逸出。类似的现象也可能发生在贝类生物身上，尤其是当它们被埋在沉积物中时。在这种情况下，就像之前描述的那样，泥土可以渗入贝壳中，但在顶部会形成一个“水泡”。接下来，贝类会被完全覆盖，开始化石化的过程。当泥土逐渐转化为石头时，空腔的位置就会形成晶体。当沉积层暴露出来时，会发现化石的内部是由不同的材料组成的。其中一半显示周围的岩石，而另一半则清晰地展示了可辨认的矿物质。通过这种方式，我们可以辨认出哪部分是上方，哪部分是下方。你可能会问：难道不是可以通过沉积层来判断上下吗？然而，有时地壳运动可能导致沉积层错位，或者沉积层不再保持其自然的堆积状态，比如经历了爆炸（或因为被放在博物馆的抽屉中），这可能导致我们在判断地层上下关系时会产生一些困扰。在这些情况下，上述方式可以发挥它的实用价值了。

从广义上来说，褐煤、石油和白垩岩勉强算是化石，因为它们并没有形成清晰的结构。所以，你不太可能看到古生物学家指着一桶石油大喊“化石”！然而，即便如此，它们仍然是过去生命的见证者，因此它们也符合化石的定义。“化石燃料”一词正揭示了它们的起源。

拿莱茵地区的褐煤来说，这种在加兹韦勒地区被开采的煤炭，不仅为当地居民带来了经济上的收益，更是一段跨越时空的历史见证。它的起源要追溯到大约2000万年前（即中新世时期），那时的科隆北部还是一片广袤的沼泽地带。在那个遥远的时代，泥炭在这片湿地中悄然孕育，它就是今天煤炭的前身。随着地球历史的演进，这些泥炭层被后来的沉积物所覆盖，在压力和化学过程的作用下，煤炭中碳的比例逐渐增加，泥炭也随之转变为我们今天能够在露天矿场开采的褐煤。而鲁尔区的硬煤则更为古老，大约有3亿年的历史，源自石炭纪时期的沼泽地（这个时代以全球范围内广泛分布的煤炭层而得名）。随着地质历史的变迁，这些沉积层首先形成了褐煤，但随后在地质作用下，它们被埋藏得比年轻的莱茵褐煤更深。在这些深层地下，更高的温度和压力加强了煤化过程，使得褐煤转变成了鲁尔区典型的硬煤。因此，当我们谈论褐煤时，通常指的是露天开采，而更深的硬煤则主要在地下开采。

正如煤炭的形成过程一样，石油也是由有机物质积累而成的。不过，石油主要来自海洋中的浮游生物和藻类，而非陆地植物。如今，它们在海洋中仍占据了大量的生物量（这也解释了滤食浮游生物的鲸类为什么会长得如此巨大）。

有机物质沉降至深海区域，逐渐在海底积聚，形成了富含有机物质的沉积物。在缺乏水体流动和循环的地方，沉积物中的氧气含量很低，因此得以保存下来。通过更多沉积层的堆积，形成了一种深色、有精细层理、富含有机质的岩石。近年来，水力压裂法开采石油烃源岩作为石油和天然气的来源引起了公众的关注。传统的“石油气田”通常位于所谓的储集层中。这些岩石最初不含石油或天然气，但它们具有很高的渗透性和孔隙度，就像海绵一样，富集有机质的液体和气体成分通过上浮从母岩中流向地表。如果你遇到了一块多孔储集岩石，而这块岩石上方被不渗透的岩层所覆盖，那么石油或天然气就会在这些储层中聚集。这种情况下，我们称为石油或天然气储藏。例如，白垩纪时期的大型珊瑚礁形成了优质的储集层岩石，因为这些礁石的高孔隙度使其成为理想的储集层。

现在让我们回到那些古老的化石，更确切地说，回到白垩峭壁。这些岩石由一种叫作颗石藻的遗骸组成，它们通过微小的碳酸钙藻片保护自己。通过显微镜，我们可以看到这种岩石主要由颗石藻构成，因此整块岩石就是一座化石宝库。在地球的历史长河中，甚至还保留了许多完整的珊瑚体，现在我们还可以清晰地区分出不同的部分，如前礁、后礁和主礁。这种礁在岩石中以可识别的形态被保存下来，并且构建了整个岩石层的现象，这种现象不仅出现在白垩纪，而且在地球历史的其他时期也都可以观察到。这些构建礁体的生物在不同的时代通常属于生命谱系中完全不同的群体。最古老的礁是由微生物构建的，而年代较晚的礁则由珊瑚、海绵、贝类构成。

有一个有趣的小知识点：白垩纪这个名称源自世界各地普遍存在的典型白垩岩。当然，属于石灰石类别的白垩岩并不仅限于白垩纪时期。同样地，很多白垩纪的地层也包括其他的沉积物，例如砂岩或者黏土石。

假化石

与化石不同，假化石并不是由生物形成的，而是源于无机物质。由于它们与我们熟知的图案相似，有时会欺骗我们的眼睛，让我们误以为它们是我们熟悉的化石结构。

我在实习期间第一次接触到了假化石。那时，我刚刚协助整理了一些由一位私人收藏家捐赠给波恩大学戈尔德福斯博物馆的化石，了解了每块化石的具体情况。在一块米色石灰石板的边缘，可以看到小小的黑色的类似苔藓状的植物，它们有许多分枝，看起来保存得非常好。我拿起这块化石说道："哦，这至少能清楚地辨认出是植物。"我的导师笑了笑，刚刚我和之前无数化石收藏家一样上了当，其中最为著名的假化石可能就是所谓的"树状晶体"。

这里所说的并不是神经细胞的一部分，而是指一种特殊的晶体结构，呈细致的树枝状分枝。从地质学的角度来看，这些结构通常是由黑色锰（锰是一种金属）沉积而成的。当富含锰的水流沿着岩石中的裂缝流动并从那里渗透到两个岩石层之间时，就会在其中形成锰氧化物沉淀。

收藏于波恩大学戈尔德福斯博物馆的假化石。虽然这些结构在远处看起来像是保存完好的植物，但仔细观察，它们实际上是树状晶体。与化石不同，这些假化石是在岩石中形成的。当液体渗透到两个岩石层之间时，会产生矿物质结晶，而这些结晶又会不断分枝生长。在冬天时，我们有时也可以在车窗玻璃上看到类似的生长模式，就像冰晶一样。

除了树状晶体，还有其他一些地质结构，只要它们看起来稍微有点像过去的生物体，就可能被误认为是化石。例如，结核是通过周围沉积物中的化学过程形成的，并且在外观上与周围的沉积物有明显的区别。另一个例子就是燧石球，我们的祖先有时也会将它们用作工具，这些由硅形成的岩石是在周围的石灰岩环境中形成的，我们可以在之前提到的白垩岩中找到它们。由于结核通常呈现出明显与众不同的外形和突出特点，所以它们常常被误认为是化石。在2012年，一些结核引起了媒体的关注（暴露了一些新闻网站报道不准确的问题），当时俄罗斯的“科学家”宣称发现了直径为40厘米的巨大恐龙蛋。通过网络传播的图片展示了一些大约健身球大小、被包裹在周围岩石中的物体。经验丰富的地质学家或古生物学家只需一眼就能辨认出这实际上是结核。这些物体没有蛋类典型的表面结构，形状相对不规则，有些甚至互相融合在一起。真正的蛋是不太可能出现这些特点的。令科学家们惊讶的是，在显然没有咨询过专家的情况下，这一消息竟然登上了各种新闻机构的网站。

除了许多能够让专家（或者愿意花时间仔细观察和理解这些特征的爱好者）区分结核和恐龙蛋的视觉细节，实际上还有一个物理方面的因素可以解释为什么恐龙蛋不会比大型鸟蛋更大：蛋必须具有通气性，以供胚胎吸取氧气。蛋壳同时必须强壮，以防止蛋在自身重量下破裂。如果蛋变得太大，薄薄的蛋壳会导致蛋的稳定性下降，然而更厚的蛋壳又会让胚胎无法呼吸。因此，即使是30米长的恐龙，其蛋的尺寸也不会超过足球大小。

此外，还有一些假化石，即使是经验丰富的地质学家，乍看也可能会被误导。假化石的结构越简单，就越容易被误认为是地质现象。通常情况下，只有外行人会将骨骼甚至整个骨架错误地认为是普通的岩石。然而，一些简单的结构，比如海绵化石或者粪化石，可能会通过石灰岩的构造变形，或者通过前面提到的结核，产生非常逼真的仿制品。对于一些非常古老的细菌化石，科学界也存在着争议。有时候要分辨出岩石中那些圆形、细层状结构的形成过程是生物作用还是无机过程，确实是一项挑战。

类似的情况还出现在 20 世纪 90 年代在火星陨石中发现的可能的细菌痕迹上。直到今天，我们仍然不能确定这些简单的结构到底是化学过程的产物，还是单细胞生物的化石遗迹。在地球上，细菌化石也存在类似情况。科学家们通常通过它们在岩石中留下的痕迹来对其进行识别，例如它们的化学分泌物。将岩石中“正常”的化学特征与由生物活动引起的特征区分开来，对于确定化石的真实性至关重要。如果错误地将这些正常的化学特征视为生命迹象，它们就可能被误认为是化石。

在地质学研究中，这种区分至关重要，因为它关系到我们对生命起源和演化的理解。科学家们必须运用各种分析技术，如同位素分析、显微结构研究等，来揭示这些结构的真实性质。通过这些方法，我们可以更准确地解读地球乃至其他天体的历史。

这里，我想分享一个用来辨别骨骼化石的简单测试方法。当你敲击岩石，并看到可能是骨骼的东西时，请试着轻轻地舔一下，将你的舌尖轻轻地压在骨骼石化及其周围的岩石上，然后再慢慢地将舌头抬起。如果你发现舌头轻轻地“粘”在化石上，那就说明化石是真的。这是因为骨骼中有微小的孔隙，而这些孔隙通常仍然存在于骨骼化石中。如果你现在觉得有些恶心，那你大可以放心，这一过程一点也不恶心。当我们敲破数百万年前的岩石时，岩石内部是绝对无菌的。根据我的经验，我可以向你保证，只有当几位古生物学家用同样的方法检查同一个发现时，它才会变得恶心……

如何知道化石的年龄

当古生物学家提及化石的年代时，数百万年的时间仿佛就在眼前一般。无论是 8000 万年前的巨型菊石，还是 2.91 亿年前的巨型铁角蕨、大约 2.9 亿年前的带刺“淡水鲨鱼”、1.5 亿年前历尽沧桑的巨大腕龙（*Brachiosaurus*），这些化石都承载着地球悠久历史的痕迹，让我们能够一窥生命的演化与变迁，仿佛时光的胶片在我们眼前展开。这些古老而珍贵的遗迹见证了生命的奇妙旅程，也唤起了人类对远古生物世界的无限好奇与想象。此外，还有一些例子，比如一只拥有 4 颗象牙的约 1000 万年前的嵌齿象（*Gomphotherium*）、一只生活在约 3 亿年前的远古千足虫（*Arthropleura armata*）（请你想象一只 2.5 米长的千足虫）的巨型多足动物，或者一只拥有约 1.8 亿年历史的海百合，这些都可以成为我们谈论的话题。我们选取这些例子当然并非偶然，因为所有列出的化石都有一个共同之处：它们都被授予了“年度化石”称号，这个荣誉每年由古生物学会颁发一次。

关于如何确定化石年龄，答案听起来似乎很简单。然而，事实并不是那么简单。根据地层层序律，即较年轻的岩层位于较老的岩

海百合的名字可能会让人误以为它们是植物，但实际上，它们是一类生活在水中、附着在海底的动物。海百合与海星、海胆有着密切的亲缘关系。虽然如今它们只存在于深海中，但在早期，它们曾广泛分布在浅水区域。特别是它们“茎”上的石灰片，成了最为常见的化石之一。这块精美的样本目前收藏在波恩大学戈尔德福斯博物馆中，为我们展现了这一古老生物的独特之处。

层之上，前提是构造活动没有大规模破坏这种层序（小提示：如果你来到阿尔卑斯山脉，地层层序律可能便不再适用）。然而，即使地层的层序没有被改变，当我们置身于露头（地质学家用这个术语来描述在地面出露的岩石）面前，我们经常需要确定这些岩层的年龄。顶部的沉积物可能已经被风化和侵蚀消失，而更古老的岩层则隐藏在地下。如果幸运的话，岩层可能有一些独有的特征，而且我对这个地区的地质情况也比较了解。这时，我就能够较准确地将它归属到一个已知年代的地层中。这就是所谓的“相对年代测定”。

中欧地区的地质情况已经得到了详尽的研究，以至于我们只需辨识岩石的类型，就能在文献中找到其年代。为此，地质学家会和岩石对话。不，这并不是指他们真的在和岩石对话。当地质学家提到和岩石对话时，他们指的是用锤子敲击岩石，然后使用放大镜观察岩石新露出的表面。通过观察其中的矿物和其他特征，如颜色、层理类型等，他们可以确定岩石的种类（例如玄武岩、花岗岩、石灰岩等）。然后，可以在文献或地质图上查找该地区相同类型岩石的年代（不同地区的同一组岩石可能具有不同的年代）。有时，只要已知上下相邻岩层的年代，就足以确定中间岩层的大致年代。通过了解 A 层和 C 层的年代，就可以推测出夹在中间的 B 层的年代。现在，你可能会提出一个合理的疑问：一定有人确定了特定岩石地层的确切年龄，这样我们如今才能轻松地进行查证吧。在这种情况下，我们要讨论的是“绝对年代测定法”。这种方法能够直接测量岩石的年龄，而不是通过类似前面所述的比较方式来靠近岩石的年龄（即前面所述的“相对年代测定”）。对于绝对年代测定，科学界有一些方法可供选择。其中最常见的方法可能就是通过特定放射性同位素的衰变序列来测定年龄。

现在，我们需要了解一些物理知识。不过不用担心，我会尽量以简短易懂的方式进行解释：原子核由质子（正电粒子）和中子（中性粒子）组成，核外一定距离围绕着电子（负电粒子）。不同元素（例如氢、氧、铁、铅、铀等）通过核内质子的数量来进行区分。比如，氢原子的原子核里有 1 个质子，而氧原子的原子核里有 8 个质子。质子的数量是固定的，中子的数量可以不同。例如，超过 99% 的氧原子的原子核里除 8 个质子外，还有 8 个中子，化学家记为 ^{16}O（16 代表了原子核中的粒子总数，O 是氧的元素符号）。剩下少部分氧原子的原子核里有 9 个或 10 个中子，分别记为 ^{17}O 和 ^{18}O。一个元素的这些不同质量类别被称为同位素。通常情况下，每个元素中有一个特定的同位素非常常见，而同一元素的其他同位素则相对较少见。（我慢慢开始回想起化学考试的糟糕记忆了……）

一些元素和本来相对稳定的同位素实际上是有放射性的，这意味着它们有倾向逐渐衰变成其他元素或同位素的趋势。如果这些衰变产物本身也具有放射性，那么衰变将会继续，直到最终形成一个稳定的元素。衰变过程中的各个步骤始终相同，衰变速率也始终保持恒定。半衰期表示的是需要多长时间才能使一定量的放射性同位素衰变一半。衰变速率和衰变序列都不会受到周围环境条件的影响。例如，温度变化不会影响衰变速率（当然，这是一个比较简化的表述，恳请物理学家们理解）。而且，衰变序列也始终保持不变，这意味着每个放射性元素的特定同位素最终都会衰变成某个特定的稳定元素的同位素。因此，^{238}U（铀原子含有 238 个粒子）总是会衰变为 ^{206}Pb，而 ^{235}U 则总是会衰变为 ^{207}Pb。

在测定岩石的年龄时，我们也充分利用了同位素衰变的特性。为了确定化石的年龄，我们需要根据岩石的成分和预估的年代选择不同的元素进行分析。前面提到的铀衰变为铅是最常用的方法之一（铀铅定年法）。在这个过程中，矿物锆石的一种特殊属性对地质学家来说非常有帮助。锆石在结晶过程中会将铀嵌入晶格，而不会嵌入铅。在锆石形成后，它基本上是密封的，不会有元素逸出或进入。因为铀的半衰期是已知的，通过分析锆石中铅同位素和铀同位素的比例，可以反推出铀在矿物中存在的时间。特别是铀铅定年法在这方面有一个巨大的优势，那就是可以使用两种不同速率同时衰变的同位素。在这里，自然界似乎已经为我们提供了一种对照组。

这种方法的一个重要优势是，锆石非常坚硬，因此通常可以在漫长的时间内保持完好无损。然而，这也带来了一些问题，因为当母岩熔化时，较古老的锆石可能会留存在岩石中，这意味着在岩石形成后，我们可能会发现存在不同年龄的锆石（不过这个问题相对容易解决，在这种情况下只需使用最年轻锆石的年龄即可）。

除了铀铅定年法，还有其他各种不同的衰变系列被广泛应用于研究领域。这里不得不提的定年方法是放射性碳定年法，也称为碳－14 定年法。

所以，到底什么是碳－14 定年法呢？类似于铀铅测年法，只不过科学家在这里利用的是放射性碳同位素（准确地说是 ^{14}C）的衰变。是的，构成你身体大部分组分的碳，也是一种放射性同位素。这些放射性碳同位素形成于大气中，在我们的环境中，它们与 ^{12}C 同位素的比例是恒定的。由于我们在一生中不断地替换体内的原子，所以这个比例也保持稳定。当我们的身体最终厌倦了这一切工作并停止运作时，就不会再储存新的碳了。从此，^{14}C 的数量便会不断减少。与铀铅测年法不同，我们并不测量碳的衰变产物，而只是测量稳定碳同位素与放射性碳同位素的比例。这种方法显然不适用于矿物，而是直接应用于化石本身。现在你可能立刻会有一个问题：为什么我们不一直使用这种化石测年法，而通常选择通过矿物的年龄来间接进行推算呢？这是因为放射性碳同位素测年法有一个时间上限，从地质角度来看，这个上限非常早，大约 5 万年左右便达到了能够检测到的 ^{14}C 数量的极限。相比之下，铀铅定年法则需要样本达到约 100 万年的年龄才开始有效，它甚至能够测定地球上最古老的锆石样本，得出的测定年龄达到了惊人的 46 亿年。因此，碳－14 测年法主要应用于非常年轻的化石和考古学领域。

为了不让这一部分的内容过于偏向物理学，我想向你介绍一种通过化石层来进行测年的方法。尽管这只是一种相对测年法——也就是说，我们必须已经绝对地确定岩石的年龄——但它仍然非常有用，因为我们并不希望在每个地质研究中都进行复杂的放射性测年。这种方法就是所谓的标准化石。这些化石可作为自然的时间标尺，我们可以通过它们相对准确地确定所在岩层的年龄。在有限的地球历史时期内，有些经过深入研究的生物种类仅存在于特定的地层中。然而，并非每个化石都适合作为标准化石。它必须满足一些条件。首先，标准化石必须容易辨认。如果我们只能通过巨大努力才能将其与较早或较晚的同类区分开来，那么这种化石就不适合作为标准化石。此外，标准化石的数量应该相对较大，以便我们可以在岩石中轻松地找到它们。因此，稀有物种通常不适合作为标准化石。同样有用的是，标准化石的分布范围应该较广，而且该生物种类存在于不同的生境中，从而出现在同一时期不同的沉积岩中（例如，近海和深海的沉积岩）。然而，标准化石最重要的特征可能是它只存在于一个短暂而明确界定的时间段内。时间跨度越大，化石作为标准化石的适用性就越低，因为其中发现化石的岩层只能被粗略地进行分类。上述标准不必全部满足，但一个标准化石包含的特性越多，它在实际应用中就越适用。其中一组常用于这项任务的化石是形态多样且已经多次提到的菊石。在中生代，它们的一些代表者成了标准化石的典型示例。

然而，最重要的标准化石或许要小得多，但同样引人注目。你曾经去过美丽的热带海滩吗？你曾经仔细观察过脚下的沙子吗？下次去海边度假时，不妨仔细观察一下。你很有可能用肉眼就能看到一些微小的星形、圆形或盘形物体（如果你有放大镜的话，可以带上）。不必紧张，你在沙滩上看到的这些小东西是海洋生物的遗骸，它们的外壳可以占据整个沙滩的 90% 以上，而且当你在沙滩上铺开毛巾时，它们已经死亡了（这个想法让你感到愉快或不愉快，就留给你自己决定了）。

这些微小的生物就是有孔虫。它们是一种微小的单细胞生物，可以漂浮在浮游生物群中，或者生活在海底。值得注意的是，尽管这些小家伙只由 1 个细胞组成，它们却能够形成非常复杂的外壳。除了种类繁多，可以很容易区分开，它们还数量庞大，而且浮游生物物种也分布在世界各地。此外，一些化石种类通常只出现在非常明确定义的时间段内。因此，有孔虫实际上是非常理想的标准化石。甚至是数亿年前的海洋沉积物，专家也可以通过有孔虫精确地确定时间范围（精确在地质学上始终是一个可伸缩的概念）。我们在“谁能从古生物学中受益”那一章中已经了解到，这种特性在石油钻探方面极有帮助。

除了浮游生物的形态，栖息在海底的有孔虫种类也很适合作为标准化石。正如之前提到的，有时整个海滩都是由有孔虫骨骼构成的。这个成功的生物群体在世界各地的大陆架和礁石地区繁衍生息，以至于它们的沉积物甚至可以形成岩石。一个典型的例子就是虫卵石灰岩。螺旋孔虫（因其形状也称为货币虫）直径可达 5 厘米（而一些现代深海有孔虫，即所谓的异质虫，直径甚至可以达到 20 厘米，对于一个单细胞生物来说，这实在令人叹为观止）。它们在大约 5000 万年前的始新世时期分布非常广泛，以至于当时的一些石灰石中近 60% 的成分来自它们的外壳。例如，在今天的埃及某些地方可以找到这些石灰岩，甚至有些还被用在了金字塔的建造中。因此，当我们仰望这些雄伟的建筑时，实际上我们也穿越了时间，回到 5000 万年前，看着一个充满微小单细胞生物的海底。

空棘鱼和鹦鹉螺：活化石

“活化石”这个由查尔斯 · 达尔文提出的术语既不是指在博物

菊石是最常见的化石之一，也是乌贼的近亲。由于它们外壳坚硬，因此具有很高的保存潜力。此外，它们的形态多样性也使它们成为理想的标准化石。在明斯特自然博物馆展出的这块塞彭拉德蜗轴菊石（*Parapuzosia seppenradensis*）有8000万年历史，是世界上最大的菊石。在约 6600 万年前的白垩纪末期，菊石灭绝了。

馆抽屉里的化石像僵尸一样复活，也不是指死而复生的老奶奶。达尔文有意用这个矛盾的表达来描述那些在演化过程中似乎演化速度比其他物种慢得多的生物形式。然而，这个概念没有一个完全明确的定义，因此很多动物在某种情境下都被称为“活化石”，尽管有时这种表达并不太准确。一个物种或整个类群被称为“活化石”的条件通常包括：它在地质时间尺度上存活了很长一段时间；它的外貌与其化石亲属相比几乎没有变化；它具有许多原始特征（即早期演化时期形成的特征）；曾在很长一段时间内，人们认为它已经灭绝。

在前两点中，“远古甲壳动物”是绝对的佼佼者，你可能在一些《米老鼠》杂志上见过它。除了儿童杂志，远古甲壳动物还经常出现在生物实验套装中。这些套装通常包含了鲎虫这种甲壳动物的卵，它属于所谓的鳃足类甲壳动物。从古生物学的角度来看，“活化石”这个称号确实十分恰当。这种生物在 2.2 亿年前的三叠纪岩层中被发现，比第一批恐龙出现的时间略晚，但比最早的哺乳动物还要古老。自那时以来，它的外形几乎没有发生过变化。至于第三个标准——原始特征，总是稍显复杂，这些特征只能相对来看。例如，与人类相比，鱼类具有更多的原始特征，细菌在其特性上比鱼类更为原始。但是，在各自的演化线上，许多物种的代表已经明显发展和变化，因此将细菌或鱼类整体称为“活化石”并不准确。然而，如果我们将范围缩小，一些物种和属类仍然保留着非常原始的特征，而它们的近亲在外貌上已经发生了明显的演化。其中一个典型的例子是鹦鹉螺（*Nautilus*）。

鹦鹉螺是乌贼的近亲，它们同属于头足类动物。恰好在儒勒·凡尔纳的小说《海底两万里》中，与其同名的钢铁潜艇便遭到了一只巨型乌贼的袭击。就像潜水艇一样，鹦鹉螺也有一个壳。这一特征可以追溯到大约 5 亿年前现代头足类动物的最古老祖先。然而，在演化过程中，现代乌贼却失去了它们的壳。如果你养金丝雀或偶尔在海滩散步，你可能会见过乌贼骨。这些白色、剑形的物体是乌贼身体内部的支撑骨骼，是外壳的演化残留物，而在鹦鹉螺中这个外壳仍然存在。（如果你现在还在想乌贼骨与金丝雀有什么关系：鸟类爱好者会将它放进鸟笼里，以确保他们的小鸟获得足够的钙）

鹦鹉螺与它的无壳近亲在其他方面也存在着差异：它拥有许多触手，这些触手尚未生长出吸盘。此外，它透过一个简单的针孔相机式眼睛来观察世界，这个眼睛在乌贼的演化历程中逐渐演化为类似于我们的晶状体眼。因此，由于鹦鹉螺保留了其原始特征的多样性，而这些特征在其近亲中已经丧失或发生了变化，所以我们完全可以称其为“活化石”。

最后一点也被称为“拉撒路效应”，通常是指那些最初被认为已经灭绝，后来被发现仍然在某个地方存活的动植物。其中最知名的代表就是空棘鱼。这种肉鳍鱼（以及陆生脊椎动物）的许多近亲物种最初是通过化石形式而为人所知的。然而，由于最近的化石来自白垩纪时期，古生物学家猜测空棘鱼可能在白垩纪末的大灭绝事件中就消亡了。直到 20 世纪 30 年代，一位科学家在南非的一个鱼市上发现了一条被当地渔民捕获的空棘鱼。几年后，在科摩罗群岛附近发现了更多的空棘鱼，研究人员发现空棘鱼在当地居民的饮食

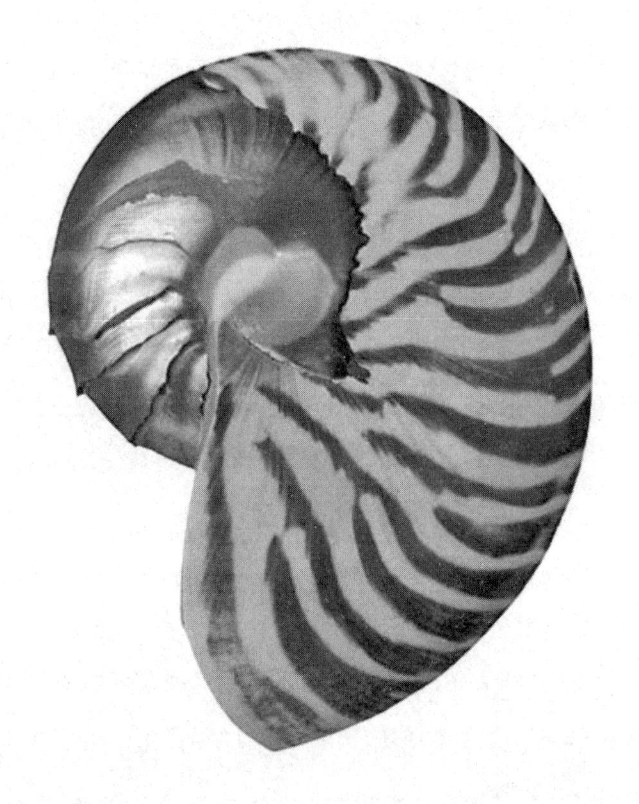

鹦鹉螺是“活化石”的一个典型例子。鹦鹉螺是一个曾经多样化的群体中的幸存者，在生物谱系树中比已经灭绝的菊石还要更为原始。它与菊石相似，拥有多个腔室、充满气体的壳。而在现存的另一类头足类生物——乌贼中，这些特征随着演化而减少，以便能够更好地适应高速游动。

中并不是很受欢迎的食用鱼类，而且其粗糙的鳞片还被当作砂纸的替代品。

值得注意的是，科学家们有时会在市场上得出令人惊讶的发现。2005 年，另一个“拉撒路效应”案例出现在人们的视野中，当时科学家在老挝的市场上发现了老挝岩鼠的标本，这些动物会定期出现在市场上供人食用。这种岩鼠属于啮齿动物家族的一员，而其最后的代表被认为在 1100 万年前已经灭绝。

然而，为什么这些活化石似乎没有受时间影响而存活了下来呢？

在科学领域，往往有多种因素相互作用，而且这些因素不可能以同样的方式适用于所有生物。在演化学的研究中，许多现存的活化石物种正受到深入探讨，目的是更清晰地理解它们在演化过程中所展现的稳定性，无论是实际的还是看似停滞的。让我们先来看看那些已经得到充分研究的事实吧。你可能已经注意到，在本章中经常提及“外观”或“视觉”这些概念。这是因为，出于人类的天性，我们通常依赖视觉来获取信息。此外，由于通常没有基因组和软组织的分析结果可供我们使用，我们会利用视觉上可见的差异来区分化石物种之间的不同。因此，人们会认为在过去的 6600 万年里，空棘鱼并没有发生变化。毕竟，现存物种和骨骼化石之间只存在一些微小的差异。然而，化石留存下来的部分（硬组织）变化较小，是否就意味着整个演化过程都停滞了呢？

绝对不是的。因为现代的空棘鱼生活在一个非常特殊的环境——寒冷水域的洞穴中，深度可达 500 米。这种极端的环境条件只适合少数鱼类生存，而且绝大多数都比约 2 米长的空棘鱼要小得多。它们发展出了极其缓慢的新陈代谢过程，而且几乎不活动。这使得它们可以仅仅依靠有限的食物存活下来，这也使它们通常寿命较长。它们的眼睛和其他方面适应了深海中恶劣的光照条件，鳞片呈现出一种纹饰，使得它们的天敌在贝壳覆盖的洞壁前几乎难以察觉到它们的存在。相比之下，许多空棘鱼化石是从沉积物中发现的，它们生活在较浅的水域中，生活方式更为活跃，因为这样的环境中存在更多的猎物，但同时也有更多的捕食者以及更强的水流。从这个角度看，在过去 6600 万年间，空棘鱼类化石缺失也就变得更容易理解了。因为深海沉积岩层很少被保存下来，通常会在俯冲带下沉到地幔深处。因此，在这些海域中保存下来的化石较少。所以，我们可以合理地推测，现代的空棘鱼类已经迁移到了更深的海域，这使得它们在过去的6600万年里避开了古生物学家的观察。在这个新的生存环境中，它们逐渐演变出了一些特殊的适应特征，这些特征很可能是它们的祖先所没有的。因此，我们必须认识到，尽管化石和现代物种在骨骼结构上有显著的相似之处，但这并不必然意味着演化停滞。然而，这个解释并不适用于所有的活化石。就像上文提到的远古甲壳动物鲎虫（*Triops*）一样，它的外貌和生存环境并没有发生明显的变化，其他一些方面也没有迹象表明现代物种在重要特征上与它们的祖先有很大的不同。对于鲎虫属来说，它们演化缓慢的关键似乎在于其特殊的抗逆性。这种远古甲壳动物能够形成可以在恶劣条件下存活数年的囊(休眠卵)。当它们再次接触到水后，胚胎就会开始发育。因此，这些小家伙相对来说相当坚韧，它们的卵在不利的条件下也能存活数年。

另一个稍大的节肢动物鲎（*Limulus*）或称马蹄蟹（严格来说，它不是一种螃蟹，而是蜘蛛的近亲），也是真正的“活化石”典范。自中生代以来，这个古老群体的外部形态几乎没有发生过变化。这一点非常令人惊奇，它们的生存环境——大海，经历了明显的变化，许多海洋生物都发生了变化或已灭绝。而鲎相对静止的状态源于它对极端环境条件的高容忍性：与其他生物不同，它能够轻松应对不同的温度和盐度，而且大量的卵使它在面对突发灾难时更不易受到影响。尽管鲎的生活环境会经历变化，但它的耐受力很强，以至于并不需要做出较大的适应调整。总而言之，“典型的”活化石并不存在，当我们更仔细地观察各个案例时，会发现它们之间的显著差异。由于定义模糊，这个术语并不常被使用，然而，这并不妨碍科学家们对相关动植物进行深入研究。

化石画像——如何知道已灭绝动物的外貌

如果你曾经参观过自然博物馆，那么你很可能曾站在一个组装好的恐龙骨架前。确实，那些骨架的部分或全部很可能都是复制品。尤其是，如果骨架是完整的，那几乎可以确定某些部分是经过复制的。

然而，这个有点令人沮丧的现实背后的原因是，在处理稀有化石时，馆长们需要仔细权衡是否值得对这些易碎的化石进行必要的加工。而另一个较为鲜为人知的原因是，只能通过一些零碎的部分，比如零散的骨骼，来识别一些已经灭绝的生物。

这在识别许多恐龙中是一种常见情况。以蜥脚类恐龙为例（稍后我们会更详细地介绍），当我们想象它时，我们会在脑海中勾勒出一个庞大的身躯，极长的颈项，粗壮的身体，还有相对较小的头颅。然而，当生物死去并分解，最终只会留下一副长长的骨架，而头骨则远离身体。因为在成为化石之前，头骨很容易就会被食腐动物、重力、水流等因素与身体其他部分分离开。而且，不同于恐龙庞大的躯干部分，恐龙头颅主要由相对较薄的骨骼构成。即使头骨能在数百万年内完整地保存为化石，一旦露出地面，也很可能会迅速风化。大块的骨骼，比如股骨，在野外被发现的机会要更大一些。如果你在岩石中发现了一个突出的骨骼，其对应的头骨可能早已脱落，或者头骨可能深埋在 20 米深的岩壁内。或者干脆就没有，因为它可能根本没有与身体埋葬在一起。正是这些情况使得我们很难找到蜥脚类恐龙的头骨。

如果你开始怀疑在已灭绝动物的骨架和生活场景重建中，有多少是科学，有多少是想象，那么了解一些科学理论的元素将对你有所帮助。我们将更深入地研究生命之树。在此之前我要提一下，所有生物彼此之间都存在或近或远的亲缘关系。如果了解现今生物的谱系，并知道化石属于哪些群体，那么这对于重建这个动物将会极有帮助。

举个例子：请想象一下，如果你以前从未见过狗，或从未听说过狗这种动物。突然有一天，你在某处发现了一只狗的头骨。你将这个头骨与博物馆中狐狸和狼的头骨进行了比较，然后得出结论，狗显然与它们有着密切的亲缘关系。接下来，有人请你估计一下这个动物其余部分的可能是什么样子。你会如何进行重建呢？你会基于关于它与其他动物的亲缘关系的信息，设想它的骨架可能会与狼和狐狸非常相似，还是你会想象它可能有翅膀，甚至可能有鳍？如果你不认为给狗加上鳃、喙或鳍是合理的，那么你其实便在不知不觉中运用了一个名为“奥卡姆剃刀”的科学理论原则，也被称为简单性原则，指的是作为解释某一现象的可能性、存在多个同等可能的假设时，我们应该更偏向于选择使用步骤更少的假设。在我们的例子中，我们可以这样推论：我了解有类似头骨的动物，因此我认为它们的骨骼也可能相似。如果我们要添加诸如翅膀、鳍或者突起等元素，就需要多一步来解释为什么在这个动物的身体上会存在这些特征。当然，从理论上讲，这些特征也可能存在。然而，只要我们没有找到确凿的证据，这一步就会让我们的推论变得更加不可能。

如果我们想要在博物馆中展示这种只有部分骨骼的蜥脚类恐龙化石，又该如何实际操作呢？

首先，我们需要明确这块化石属于哪种动物。为了做到这一点，我们需要对这些骨骼进行非常仔细的研究。通过解剖学细节的分析，我们可以准确地确定物种，然后将标本与其亲缘关系最近的物种进行比较，以确定其在生物谱系中的位置。更具体地说，每个微小的细节都会被编码为 0 或 1，然后被输入到一个庞大的矩阵中。在这个矩阵中，已经包含了其所有亲近的数字列。接着，通过多种算法，我们可以计算出这个谱系树的结构……然而，由于本书旨在以趣味性的方式让大家了解科学，所以我们不会过多深入讨论这个过程的细节。

如果已经存在同一物种的其他标本，我们可以使用其头骨的复制品来代表我们的标本，前提是它们的尺寸要相匹配。如果这种物种的头骨尚未被发现，我们会在其近亲中寻找类似的结构。举个现实生活中的例子，我们可以将老虎的骨架与狮子的头骨组合在一起。在这种情况下，即使是专家可能也难以一眼看出区别。如果没有狮子的头骨可供参考，那么其他大小相当的大型猫科动物的头骨，比如美洲豹的头骨，至少可以作为现实情况的一个合理对比。而且，即使是家猫的头骨，如果按比例调整，至少也可以作为模型，让人们对虎头骨有一个相当准确的了解（因为我们这里仅讨论骨骼，而不是整个头部）。因此，如果我们用与蜥脚类恐龙亲缘关系较近的其他动物的模型来代替我们发现的蜥脚类恐龙，虽然与实际情况会存在差异，但我们会以一种有意义的方式尽可能地靠近真实。

总的来说，随着生物重建的细节加深，不确定性也会增加。在我们为蜥脚类恐龙补充了所有缺失的骨骼后，博物馆决定在骨架旁边展示这个完整的动物模型。突然间，我们面临着一系列的问题：这种动物的皮肤是什么颜色的？它是否有特殊的软组织，比如大耳朵，或者甚至是像大象一样的长鼻子？皮肤的质地又是怎样的？我们重建这个生物时（在不伤害恐龙感情的情况下），应该在骨架上增加多少肌肉？

让我们运用“奥卡姆剃刀”原则逐个分析问题。其中最简单的肯定是关于大耳朵或者长吻的问题。根据现有的证据，我们很难想象这个生物会有这些复杂的结构。为什么我们如此有把握呢？虽然我们不能完全排除大耳朵或长吻的存在，但目前为止我们还没有找到一个保存得足够完整的头骨，能够明确回答这个问题。在这个问题没有明确解答之前，我们在进行重建时会依据更加合理和可靠的假设。在现存的近亲中（这里指鸟类和鳄鱼，稍后会详细谈到），我们既没见过长吻或大耳朵，也没有在我们目前已知的恐龙软组织化石中发现关于这些结构的线索。因此，在这个问题上，我们的观点相当保守（我从未想过我会写出这样的话）。除非我们在某个头骨上找到类似于现代拥有长吻动物的粗壮肌肉附着点，否则我们并不倾向于在恐龙重建中添加类似的结构。

在确定皮肤结构时，我们参考了一些保存完好的化石，这些化石显示出一种由圆形鳞片组成的图案。至于体重问题，就更难回答了。一个明显的趋势是，从 19 世纪早期到今天的恐龙重建，恐龙的形象通常变得越来越苗条。这主要归因于我们认识到大多数恐龙可能都相当活跃。一方面，在我们所探讨的蜥脚类恐龙案例中，我们不能忽视一个重要因素，即这种动物必须能够支撑其自身的重量。另一方面，我们也不能仅以骨骼为基础，然后简单地将“皮肤套在上面”。一些过于苗条的展示品有时会被致力于重建工作的艺术家和古生物学家戏称为“压缩包装”（意指过于紧贴骨骼进行的重建方法）。我们必须充分考虑每块肌肉的存在，并假设体形的轮廓很可能在某种程度上会与具体的骨骼形态不同。

现在，让我们来看最后一个问题。恐龙是什么颜色？中国的辽西生物群的恐龙研究中就对重建恐龙羽毛颜色进行了研究。虽然确切的颜色仍然是个谜，但我们可以试着探讨一下恐龙可能的颜色。在这个问题上，我们也会面对“奥卡姆剃刀”原则的限制。因为如今的动物世界并没有提供明确的答案。尽管鳄鱼的色彩不太引人注目，可以完美地融入环境，但许多鸟类却展现绚丽多彩的外表。后者可以通过性选择现象来解释。简单来说，它传达的信息是：瞧我，我身体强健，有能力把自己装扮得花枝招展。对于伪装和装饰，这两种可能性都有充分的论据支持，而且它们在论证中地位平等。因此，在专业书籍和博物馆里，越来越多地出现色彩斑斓的恐龙图像。因此，我们可以自行决定如何为我们的蜥脚类恐龙上色。一个折中的假设可能是，在大部分身体上使用低调、不引人注目的颜色（例如绿色或棕色），而在显眼的部位（例如脖子的侧面）使用更为醒目的颜色（例如红色）。

科学家们有时也能够在某种程度上还原恐龙时代的精确色彩。在 20 世纪 20 年代，一支前往戈壁沙漠进行考察的队伍发现了一些化石巢穴，里面满是恐龙蛋。这些蛋大约有 6 厘米长，呈椭圆形。在巢穴附近，他们还发现了一只小型的猎食恐龙的遗骸。它大约有 1.5 米长，嘴巴短而粗壮。科学家们将它及其类似的恐龙命名为窃蛋龙。长时间以来，人们错误地认为它在有意地掠夺蛋巢。然而，直到 20 世纪 90 年代，人们才发现了一些死亡时正坐在蛋上的恐龙化石。这个发现改变了人们的看法：原来这只猎食者实际上是在孵化蛋。尽管我们至今仍不清楚恐龙本身的颜色，但在 2015 年，通过对蛋壳的分子研究，科学家们发现它们呈蓝绿色，可能是为了在暴露的环境下能够融入周围环境，避开捕食者。

当我们只能从生物体的一些部分来认识它时，重建工作会变得特别有趣。在这种情况下，尽管我们或许可以将这些部分在演化树中大致进行分类，但身体的许多细节仍然不清楚。在这些长久以来存在的谜团中，牙形刺就是其中一个。

想象一下，你是 19 世纪中叶的一位古生物学家。你使用一台手工制作的显微镜，透过反射光来观察之前从海洋沉积物中提取出的微化石。你注意到了一些微小的化石，它们看起来像形状各异的“牙齿”。尽管你不清楚它们属于哪种动物，但你在覆盖了超过 3 亿年时间跨度的岩石中一次又一次地发现了它们（好吧，实际上你那时还不知道这个时间跨度，因为年代测定在当时尚处于初级阶段）。这些微小的化石形态极其多样，然而它们总是让人联想到牙齿。令人印象深刻的是，许多形态可以与特定的岩层和相关的年代联系起来（即标准化石的概念）。但是，你却从未找到过完整的动物躯体。除了能够大致确定它们可能属于脊椎动物或其近亲，无法获取更多确切信息。随后，岁月流转，你作为一名科学家经历了漫长的职业生涯，最终辞世。然而，关于这个令人兴奋的物种归属问题，你终究未能找到答案。

接下来，新一代的科学家们登场，他们不断发现新的化石形态，对于这些牙形刺在不同地层中的分布也逐渐有了深入认识。然而，对于相关动物的归属问题却始终没有得到解答。随后的几代科学家们继续努力，对这些“牙齿”进行化学分析，逐渐揭示出更多细节，甚至对于这些“牙齿”的拥有者可能的外貌也提出了一些假设。这些假设在某些方面存在明显差异，因为在漫长的时间内，这些物种在脊椎动物家族谱系中的位置一直备受争议。

一代又一代的科学家们必须面对这个令人沮丧的现实，这个多样且形态各异的生物仍然笼罩着神秘的色彩。历经125年之久，直到 1983 年，一次来自苏格兰的发现终于解开了这个谜团。科学家们发现了一个保存了软组织部分的化石产地。它是一个几厘米长的类似七鳃鳗。然而，由于它在脊椎动物谱系中处于非常原始的位置，它并没有像现代鱼类那样拥有可以保存下来的硬骨骼。所以，在大多数发现地点，我们只找到了部分颚骨结构的化石。到目前为止，也仅有很少数标本完整保存了整个动物的身体。

历史的讽刺在于，这个在 1983 年首次得到描述的发现，实际上早在 1925 年就被发现并归档了。显然，人们曾忽略了这个小生物，或者至少在没有深入的科学研究之前没有注意到这些牙形刺。不管怎样，这个谜团的答案在许多年里就悄悄地被藏在抽屉里，与此同时，无数的科学家们却在苦苦思索。

即便是在哺乳动物重建的过程中，错误和随后的修正也时常发生。其中一个被反复修正的生物就是恐象（*Deinotherium*）。关于这些与现代大象有关的生物，最早的发现可以追溯到几个世纪之前。然而，那些发现总是不够充分，导致人们无法将它们进行归类。著名自然学家乔治·居维叶（1769—1832）得到了一颗臼齿，并将其误认为是一种巨大的类似狒狒的动物的牙齿。这个误会确实可以理解，因为恐象的牙齿第一眼看起来确实更像现代狒狒的牙齿，而不是大象的牙齿。居维叶深陷于“趋同演化”的陷阱中。然而，我们不能怪他，因为他生活在达尔文革命性的著作发表之前，所以对于“趋同演化”和“演化”这些概念他并不熟悉（我们将在“生命之树”一章中更详细地解释这些术语）。甚至有人猜测这种动物可能是海牛。但当人们发现了一颗带有象牙的断裂下颌骨时，问题开始明朗了，这个动物很可能与大象有亲缘关系。不过，它与现代大象存在显著差异，因为大象的长牙位于上颌。这个下颌骨在中间折断成了两半，于是人们绘制了图示，展示了它未受损时的样子。在这些插图中，象牙是朝上的。直到人们在原始莱茵河一处约有1000万年历史的沙堆中发现了一个头骨，才揭示出了这种生物的真实模样。令研究人员惊讶的是，这个下颌骨的曲度使得象牙朝下，尖端甚至还略微向后倾斜。根据对磨损痕迹的最新研究表明，这些象牙可能被用来剥树皮和拉下树枝。距离这种动物首次被描述已经过去近200年了，在经历了无数丰富的科学发现后，我们对这个动物群体有了非常深入的理解，而这个群体甚至在大约100万年前还存活在地球上。然而，恐象依然是古生物学唤醒的最不寻常生物之一。

你有没有看过旧时的恐龙插图？那些高大的蜥脚类恐龙仿佛站在水中，只有脖子露出水面。或者有没有看过一些恐龙的尾巴拖在身后的地面上的插图？又或者看到过一些毛茸茸的“穴居人”手持石棍，脸上的表情似乎缺乏深刻的哲学思考。这些插图或许在视觉上能相当准确地描绘这些生物（当然，也并非总是准确），但它们往往在重要的细节上与现代的复原图仍存在差异。在对灭绝生物进行复原时，仅仅了解它们可能的外貌通常是不够的。往往还会引发更多问题：它在环境中是如何生存的？它生活在哪里？它的体态是怎样的？为了回答这些问题，通常需要从不同学科的角度对相关化石进行详细研究，以从中揭示出更多的秘密。

要确定化石的生存环境，通常需要仔细观察它周围的地层。地

恐象是大象的远亲，其鼻部有一个宽大的鼻孔。恐象的长牙位于下颌，与大象的上颌象牙不同，这一特点令科学家惊叹不已。恐象的臼齿专门用于切割植物叶片和柔软的食物。最古老的恐象生活在约2200万年前，而它们最后的成员则在约 100 万年前灭绝。

质图不仅会显示地层的年代，还会显示其形成过程。例如，它们是来自昔日的沿海沼泽，还是形成于大陆内部的沙漠，这些信息通常可以通过简单的观察获得。但要注意，迁移和沉积也可能将生物从死亡地点带走，使它们后来以化石的形式出现在并非其生活环境的地层中。专业人员会将化石分为原位化石和异位化石。异位化石指的是生物死亡后被河流冲入海洋，最终埋藏在浅海沉积物中。我们可以通过一些标志判断是否发生了这种位置变迁：化石是否几乎完整？化石越完整，位置变迁距离可能越短。是否存在移动痕迹？与河流中的卵石类似，骨骼或贝壳类等遗骸在移动过程中会被磨圆。而原位化石是指化石形成于生物死亡的地方。

通常情况下，常识也可以提供一些线索。例如，如果我们在梅塞尔化石坑的湖泊沉积物中发现一副完整的始祖马骨架，那么从逻辑上可以推断，这只动物并非生活在湖里，但肯定生活在它的周围。除了生物的腐化过程，迁移过程也属于埋藏学研究领域。例如，研究特定动物在表面漂浮的时间，以便评估尸体在腐化前可能被迁移了多远（埋藏学是一个令人着迷，但有时气味不佳的领域）。我记得曾经有一项特别奇特的研究：为了确定一只小型哺乳动物的尸体在被一只猛禽从湖上的高空抛下后，是否会浮出水面，我们从研究所的三楼将一只不幸死掉的鼹鼠通过一条有机玻璃管道投入一个水池中，并使用高速摄像机记录下整个过程（和预期效果一样，它迅速浮出了水面）。

除了埋藏学，还有其他信息可以帮助我们了解化石所在的生活环境，比如通过分析地层中的植物花粉和氧同位素来测定温度，以及对所有一起发现的物种进行分类整理，这样我们可以尽可能准确地勾勒出那个时代的生活场景。从梅塞尔坑中的原始马化石的例子中，我们可以清楚地勾画出一个令人印象深刻的场景：一个位于热带雨林中的火山湖。地质研究有助于我们了解化石生物的生存环境。化石也可以帮助我们更好地理解地质环境。例如，当我们不确定地层是形成于湖中还是海中时，海洋生物的化石可以为我们提供清晰的线索。

甚至有时候，我们可以通过化石来推断年均气温。例如，科学家在加拿大埃尔斯米尔岛上约 5500 万年前的地层中发现的矛鳄化石表明，在这个时期，即使在极高的纬度上，该地区的气候也非常温暖。

此外，在我们描绘已灭绝生物时，它们的体态也是一个重要的因素。这一点在我们研究自身历史时尤为有趣。在过去的大约500万年中，我们的祖先发展出了直立行走的方式。然而，这个过程就像所有的演化过程一样，并不是突然发生的，而是逐步演变的。每当我们在人类演化历程中发现一个新的物种时，一个重要的问题就是：它们直立时的形态是怎样的呢？这个问题可以通过研究股骨和骨盆骨得到答案。在这里，我想几乎不需要提及大多数早期人类形态的发现仅是由头骨或牙齿组成（如果太简单的话，那就无聊了）。

然而，一个特殊的发现却对科学界产生了重要影响。露西这个可爱的名字背后是一具约 1 米高的女性南方古猿（*Australopithecus*）的部分骨骼化石。她生活在约 320 万年前今天的埃塞俄比亚。南方古猿是一个……呃，怎么表达好呢？类似猿类的人类？类似人类的猿类？从科学的角度看，区分人类与猿类的界限实际上并没有那么清晰。也许，最贴切的说法是，南方古猿是最类似人的灵长类之一，但并不属于人属（*Homo*）。通过其特征，我们可以更深入地了解我们的演化历程。而在这方面，露西发挥了十分重要的作用。这绝对是一个极为幸运的情况，因为在这个发现中保存了大量的骨骼！其中还包括了大腿骨和部分骨盆，这些化石将我们重新带回到关于直立行走的问题。用双足行走与四肢爬行在生物力学上有着显著的差异。尽管四肢爬行时，各个肢体的任务分配并不完全相同，后肢通常负责推进，而前肢在捕猎时可能也会有作用，但它们在体重分配方面的负荷大致相当。而在直立行走时，作用于后肢的负荷相应增加了一倍。许多动物虽然可以短暂地用后肢站立，或者用后肢短距离行走，但它们的身体结构并不适合长时间承受这种负担。试想一下，你如果做一个倒立，通常情况下是完全可以做到的，但我们的身体并不能很好地适应这种不寻常的负荷。关于为什么人类演化出直立行走，原因有很多，这些内容涉及的范围超出了本章的讨论范畴。对于我们的问题，重要的是我们如何通过骨骼来判断一个灵长类动物主要是用两条腿行走还是四肢爬行。其中一个最显著的特征是大腿骨的定位。请看着你的膝盖，目光沿着大腿骨一直上移至臀部。这条线是否与你身体的中轴完全平行？很有可能不是。更有可能的情况是，你的目光在上移的过程中会轻微偏向一侧，因为你的膝盖通常位于身体下半部的中央位置。换句话说，你的两个膝盖比臀部两侧的股骨头靠得更近。当然，每个人的情况都会有所不同，有些人可能会有更为明显的X形或O形腿。然而，轻微的X形腿在人类中是相当常见的情况。但对于其他灵长类动物来说，情况却大不相同。对大猩猩、黑猩猩和猩猩来说，它们的大腿骨是绝对笔直的，所以膝盖位于大腿骨头下方的一条直线上。这是在四肢着地行走时能量消耗更小的方式。然而，对于两足行走来说，人类的大腿骨有一些内弯，使得膝盖位于身体重心的更中央。露西也展现了这样的解剖特征。结合盆骨的其他特征，我们可以得出结论，南方古猿主要以两足行走。后来，人们又发现了比露西大约早50万年历史的足迹，这些足迹也对这一结论提供了支持，证明南方古猿采用了直立行走的方式。当然，这些研究比我们在这里讨论的要复杂得多，但我相信你已经感受到，在我们能够形成准确的图像之前，每个化石都需要经过大量的研究。

正如之前提到的那些在20世纪初期仍被描绘成尾巴着地行走的恐龙，科学家们对它们形态的观点也在研究中发生了变化。一系列的科学研究方法帮助我们对恐龙有了更精确的了解：生物力学研究关注它们在行走时的重心转移，同时也对脊柱的灵活性进行了研究。此外，双腿之间缺乏摩擦痕迹也证实了这些新的理论。这些结果有助于我们不再将恐龙看作迟钝的蜥蜴，而是将它们想象成是积极灵活的动物。

但与亲缘关系、生存环境或体态相比，已灭绝动物的行为模式更难重建，通常也存在更大的不确定性。在这方面，确定它们的饮食范围相对容易，只要我们了解它们的牙齿即可。假设你发现了一个海生爬行动物的吻部，比如一条鱼龙（*Ichthyosaurus*）。它呈长形，有许多尖牙，有类似海豚的吻部。如果你因此假设鱼龙不是严格的素食主义者，那么你在这里可能无意中应用了所谓的均变论原则。通过这个原则，我们可以推断，如今适合捕捉鱼类的牙齿，很可能在 1.5 亿年前也同样适合。这个判断是完全正确的。

对于以鱼类为食的动物来说，尖锐的牙齿能够紧紧抓住它们滑溜溜的猎物，这一直以来都是演化上的优势。因此，许多不同的动物群体在地质历史上独立演化出了这种典型的咬合方式（这里涉及趋同演化的概念，更多内容请参考“生命之树”一章）。

实际上，每种类型的食物都对应一些有效的咀嚼和咬合方式，因此我们可以通过动物的牙齿结构推断它们的食物类型。然而，即使是牙齿结构非常相似的近亲物种，在其食物范围上也可能存在差异。它们可能专门捕食大型或小型猎物，也可能作为植食动物主要食用草类或树木的叶子。虽然牙齿的基本形态通常能为我们提供一些线索，但在一些细节上，这种方法有一定的局限性。不过，古生物学家在这方面还有其他方法可以从化石中获取更多信息。通过研究现存物种，可以分析牙齿表面的微观磨损痕迹，并将这些特征与不同的食物类型关联起来。这个过程可以在显微镜下完成，通过计算诸如微小划痕等特定的损伤，或者运用现代工程学领域的技术，对三维数字模型进行牙齿表面的详细分析。这些方法在现存动物身上获得的知识有助于我们精确分析化石物种的牙齿，使我们通常能够很好地确定已灭绝物种的食物偏好。因此，我们可以看出，均变论原则对于研究已灭绝生物的生活习性非常重要。如今，许多古生物学家有时甚至更专注于研究现存的生物，而非它们的化石。不过，正如前文提到的，通常情况下，确定古生物的食物类型相对较容易。但是，关于古生物的生活方式等其他问题通常更为复杂。大型恐龙就是一个很好的例子，它们的巨大体形长期以来一直令研究者感到困惑。

我们都熟悉进入游泳池时的愉悦感觉。也许你也曾经看到过超重的人在水里进行有氧运动，这些运动在陆地上几乎不可能完成。这是因为当人浸入水中时，会受到浮力的支持，从而减轻了关节的负担。直到 20 世纪中期，大多数古生物学家都普遍认为，那些高大的长颈蜥脚类恐龙可能更适合进行水中有氧运动。这些巨大的恐龙曾经让科学家困惑不已。因为根据它们的巨大身躯和计算出的相应体重，它们似乎不可能支撑起自己的重量。曾经有一种看似巧妙的解释，即这些恐龙在水下生活，只有它们的长脖子伸出水面呼吸。实际上，你现在仍然可以在一些旧书和插图中看到这种画面：巨大的恐龙生活在深水沼泽和湖泊中。然而，到了 20 世纪下半叶，不同科学领域开始加强合作，对化石的研究也考虑越来越多的因素。对这一传统观点的第一次重大挑战来自计算，这些计算表明，如果这些巨兽真的在水下生活，水压会使它们无法呼吸。此外，人们还观察到蜥脚类恐龙的骨骼结构很轻巧，更复杂的最新研究表明，蜥脚类恐龙的体重实际上非常轻盈。

总之，可以说，对于已灭绝生物的任何描绘都将伴随着一定程度的不确定性。虽然，在未来，这些情况可能还会随着新的科研成果而发生变化，但出色的重建通常反映了科学研究的最新进展。它们通常包含了多年来通过研究努力获得的关于化石的许多信息。

东亚化石狩猎

现在，你已经对古生物学工作领域有了相当多的了解，我想邀请你一同前往中国参加一次考古挖掘活动。这次挖掘与一个中国的研究小组合作。这种合作并不罕见。通常情况下，专门研究某一类型化石的专家会为挖掘提供咨询，例如，恐龙专家可能需要古植物学家的帮助来确定植物化石。此外，如果需要特殊的挖掘和化石制备经验，还可以纳入其他科学家或整个研究小组。我们的合作包括进行了多次成功的联合挖掘。在新疆乌鲁木齐附近的沙漠中，人们发现了各种化石遗骸。我们的中国同事首先获得了这些信息，随后他们又通知了我们。幸运的是，该地区的地质已经得到了相对充分的研究，部分原因是当地的采矿公司正在这里进行矿产开采。通过了解这些地质背景知识并进行初步的研究，我们确定这些化石属于侏罗纪时期。对于我们研究的重点——早期哺乳动物，这个时期非常重要。因为当时的中国，就像现在一样，是一大片陆地。虽然大多数化石是鱼类和海龟，但我们可以合理地假设也可能会找到居住在陆地上的生物化石。

在对这个地区的一次早期勘探中，我们发现了所谓的骨床，这成为我们整个工作的基础。在页岩层（一种类似砂岩但颗粒更细的沉积岩）之间，存在着一层含有大量小骨头和牙齿（直径从几毫米到几厘米不等）及其碎片的地层。这种骨床是由于浅滩被淹没，生物的遗骸被沉积在一起而形成的。通常，许多大小相似的化石会沉积在同一地点，这是因为水流将它们聚集在了一起。在河流弯曲处也可以观察到类似的现象，水流的速度快慢会根据大小来分类沉积物。由于当地的沉积物非常细，其中的个别颗粒直径远小于 0.05

毫米，因此化石可以轻松地通过其大小与周围的岩石区分开。

地质学家根据沉积岩中颗粒的大小对它们进行分类。例如，砂岩的颗粒大小为 0.063 ~ 2 毫米，粉砂岩或淤泥岩的颗粒大小为 0.002 ~ 0.062 毫米，而非常细的黏土岩则包含小于 0.002 毫米的颗粒。尽管在古生物学中，通常不太关注颗粒大小的准确分析和分类（因为我们通常更关心岩石中的化石），但至少对于疏松沉积物，人们通常可以在现场通过以下方式相对容易地区分粉砂岩和黏土岩：如果你尝试咀嚼样本，并且它足够细腻以至不会发出嘎吱声，那么这就是黏土岩。这个信息带给我们另一个重要发现：在某些时候，一定有地质学家真的想过：如果我尝试咀嚼这些沉积物，会发生什么？

但因为我们的沉积物是高度固化的材料，所以在这种情况下并不适合尝试咀嚼样本。因此，我们不能最终确定这是粉砂岩还是黏土岩。对我们来说，重要的是这些化石被嵌入在非常细腻的基质中。

让我们简要总结一下。中国的发掘地点差不多拥有我们寻找古代哺乳动物所需的一切要素：热情洋溢的工作团队（对于遥远国度、异国美食和壮丽风景的期待激发了我们团队的热情）、化石、适当的地质年代和良好的地质条件。

我们一行五人前往中国：教授、化石修复师、两名博士后（已获得博士学位的资深科学家）以及一个“菜鸟”（是的，那就是我），又从北京飞往了新疆的乌鲁木齐。一抵达那里，我们就在机场受到了当地同事的热烈欢迎，我们的团队又增加了两名当地司机和一名翻译。

我们寻找的化石实际上是被冲刷到一起的，所以情况与“典型”的挖掘有些不同，典型的挖掘是小心翼翼地挖掘岩石并找到完整的动植物化石。而我们的计划是像开采金矿一样开采化石床，然后将岩石溶解，并用水过滤以提取化石。但首先，我们需要一些必要的设备，于是我们去了市场购买水泵和柴油发电机。乌鲁木齐位于古老的丝绸之路上，拥有多个市场，各种各样的商品一应俱全。我们来到一个专门销售水泵和发电机的市场。市场上摊位林立，摆满了各种水泵和相关设备。在购买到我们无法从德国带来的所有必需品后，我们开始准备接下来几天的工作。酒店提供的早餐比平时的要丰盛得多，考虑我们接下来的工作，这样的早餐无疑非常受欢迎。然后，我们动身前往化石发掘现场，中途停下来，购买方便面和在一个圆形烤炉内烘烤熟的馕饼。早餐、出发、购买方便面和馕饼是每天都重复进行的仪式。随后，我们驱车大约两小时，路过荒凉但令人叹为观止的风景。道路蜿蜒曲折，穿过高大而紧密排列的红色和绿色沙石及泥岩丘陵。这些丘陵的侧面有沟渠，表明这里有不定期但强烈的降水。与城市交通的紧张不同，这段车程相对轻松，只是偶尔有卡车与我们迎面而行。只有在一些狭窄且视线不佳的弯道上，我们才会感到紧张。

到达发掘地点后，我们要携带着设备在野外大约徒步 20 分钟，在这期间，我们用铲子的木柄和装甲胶带制作了一个临时的发电机支架。这个骨床本身就像是山坡的一道绿色薄带，黑色的化石残骸点缀其中，宛如散落的小葡萄干一般清晰可见。这部分岩石之所以呈现出绿色，是由于沉积时的化学成分造成的。而位于其上下的红色岩层中却不含化石，这与它们的形成过程有关。在沉积时，这些岩层充分暴露在氧气中，其中铁的氧化导致它们呈现出红色（也就是通常所说的生锈），并促使生物迅速分解。而绿色岩层则表明环境缺氧，这种环境有助于保存化石。但要挖掘这一层的化石，首先需要将上方数米厚的岩石移除。在最初的几天里，团队中的一名成员不停地使用电钻锤来分离上面的岩石，而其他成员则用手和铲子将废岩清理到一旁。一旦骨床的较大部分暴露出来，我们就会将其挖掘出来，并将岩石块装入袋子中。我们只在午休时间才会短暂中断工作，午餐就是馕饼和方便面。晚上回到酒店，每个人都期待着三件事：洗澡、吃饭和睡觉。洗澡和睡觉并没有太多特别之处，但每一次的晚餐都成了难忘的经历。我们去了当地一些不错的餐馆，这些餐馆对于来自中欧的我们来说相当经济实惠，而且中国同事帮我们点的菜总是带给我们很多惊喜。由于午餐通常都很简单，所以晚上我们会饿得不行，需要补充一整天消耗的能量。我们几乎同时点了各种不同的菜，然后这些菜逐一被端来放在桌子中央的一个大玻璃转盘上。我们不断地旋转着这个转盘，每个人都可以取自己面前的菜或者自己喜欢的食物。这种汇集了各种异国风味的美食交响曲，从辛辣到甜美，再到难以言喻的有趣口感，是每天繁重而汗水淋漓的挖掘工作结束后的一大亮点。

随着时间的推移，我们在挖掘现场积累了越来越多装满标本的袋子，而废石堆也越来越高。当我们挖掘到山坡的深处时，每挖掘一千克标本都需要移走大量覆盖的岩石。于是，我们决定是时候用水泵将化石从岩石中冲出来了。但是这需要大量的水，所以我们首先必须将已经挖掘出的材料运到最近的河边。但是有一个问题，每个袋子都有 35 ~ 40 千克重，而我们已经装满了 50 多个袋子。要纯粹靠肌肉力量将它们沿着崎岖的地形搬到车辆上几乎是不可能的。如果有更多的学生在场的话，也许可以应付这个问题，但实际上只有我一个学生（被戏称为“菜鸟”），所以我们只能利用当地现成的交通工具——骆驼。在此之前，我们已经偶尔看到过这些骆驼，它们有时会出现在路边或路上。于是，我们雇了一位当地的骆驼牧场主，他带着他的骆驼来帮忙。我们分多次将这些袋子装上骆驼背，然后看着它们越过山丘走向我们的车，一段时间后再次返回，准备装载更多的货物。

当我们用这种方式将岩石运到最近的河边后，我们的工作进入了第二阶段。这一次不再是挖掘，而是进行泥浆处理。整个过程如下：我们逐渐将已经挖掘出来的岩石块倾倒进塑料盆中，这些岩石块中包含了化石和坚固的黏土。随后，加入水和过氧化氢（H_2O_2），然后等待一段时间。过氧化氢溶解了岩石的基质，但并不会影响化石（浓度和处理时间都不足以对其产生影响）。然后，将软化的岩石块逐一放入一个大金属桶中，桶的底部设有一个细网。通过泵和一根软管，可以将河水抽入桶内，将溶解的岩石部分冲洗掉，剩下的物质被倒在大块的塑料布上晾干。当这些物质干燥后，我们再重复进行整个过程，唯一不同的是这次我们需要在河岸边手工过筛（这让每个参与者都回忆起小时候玩沙子的时光）。最终剩下的是化石和较大沉积物颗粒的浓缩物。

当挖掘结束时，我们在现场对最粗的颗粒进行仔细的肉眼检查，以收集所有可以确定的化石。这意味着我们要挑出那些保存得非常完好，可以辨认出是哪种骨骼或属于哪种动物的化石。其中一个发现令我至今难以忘怀，当团队其他成员都在我周围忙着溶解、过筛和分选沉积物时，我开始检查较大的颗粒。当我在塑料布旁边逐一检查浓缩物时，突然注意到了一块散发着独特光泽的牙釉质。这颗牙齿的形状表明它来自一种哺乳动物（正是我们前来寻找的对象），但其巨大尺寸让我感到惊讶。当我向教授展示这颗牙齿时，他兴奋不已地告诉我，这是一块三瘤齿兽的化石，三瘤齿兽比哺乳动物稍大，但与哺乳动物密切相关且非常相似。虽然这个发现很有价值，但绝不是轰动性的发现。尽管如此，当时我还是感到非常高兴；即使是现在，当我写下这些文字时，仍然会不禁微笑，因为我还能记得当初是如何挑选出这颗牙齿，仔细观察它，并不断问自己，刚刚是找到了什么宝贝啊？

在粗筛过程结束后，我们开始收集精细部分，并将它们寄回实验室，以供在显微镜下进行下一步研究。在这里，我们最终找到了期望已久的早期哺乳动物的臼齿，其中还包括一些以前未知的物种。在挖掘结束时，我们将设备留在了中国的同事那里，以备未来的合作之需。我们享用了最后一顿丰盛的晚餐，然后便开始了20 小时漫长的回国之路。

所以说，古生物学家的生活远不止于坐在通风不佳的办公室和实验室里，还包括探索这广袤的世界。而且，这不是一项孤独的工作，相反，我们会不断结识新的人和了解新的国家。这正是这个职业真正的独特之处——除了了解过去的时代，还能够了解当今的世界。

工具箱一瞥

在这本书中，你已经“参观”了两个古生物化石的挖掘现场，但在阅读本书之前，你想象中的古生物挖掘是什么样子的呢？如果实在想不出，你可以再看一遍电影《侏罗纪公园》。你会看到什么？你会看到一些人（很可能脏兮兮的）弯着腰站在半露出地面的骨架上。这些人手里拿着刷子，不停地轻拂着……但很抱歉，这其实是对古生物学（以及考古学，但这不是我们今天的主题）最大的误解。实际情况比这要粗犷得多。刷子在实际挖掘工作中几乎不会出现，即使出现，也是深藏在工具箱的最底层。实际上，古生物学家在野外（“野外”就是“户外”工作场地的意思）更有可能随身携带的是一把地质锤。这种锤子看起来比刷子更加威猛，或许乍看之下似乎与处理脆弱、极古老的化石材料不太相称。然而，如果我们考虑化石所在的环境，一切就都说得通了。你曾试过用刷子把一块坚硬的岩石清理干净吗？科学研究也许不是最快的工作，但我们也绝不会干得那么慢。

当古生物学家在野外工作时，几乎总是随身携带锤子，以便能够直接与他们感兴趣的化石进行亲密接触。当然，如果他们熟悉工作地点，锤子可能就不那么必要了，但一旦涉足未知的地质环境，也就是所谓的未知之地，锤子就成了不可或缺的伙伴。

此外，还有各种各样的工具，大致可以分为两类：清理工具和挖掘工具。换句话说，你更喜欢从事需要精密和耐心的清理工作，还是更倾向于进行力量和耐力考验的挖掘工作呢？这样分类的原因很简单：在野外，通常不需要进行精细的清理工作！

现在，让我们来更详细地了解一下挖掘工具箱吧。有些工具前面在中国的探险中已经出现过。但是，根据不同的挖掘地点和任务类型，工具箱的内容可能会不同。通常情况下，箱子里会装有用于移动岩石的重型设备。这里面通常包括镐、大锤子以及非常大的凿子，甚至可能还包括带有发电机的拆除锤（具体取决于需要处理的岩石数量、预算和可用的学生助手）。对于一些需要更精确操作的任务，比如分割岩层，扁凿和前面提到的地质锤可能就会派上用场了。此外，绝大多数挖掘现场都需要坚固的铲子。毕竟，如果没有铲子，如何将所有这些碎石挪走呢？

虽然不是工具，但包装材料也是绝对必不可少的。根据你的搜索目标不同，你可能需要使用各种不同的工具和材料，从小塑料袋到数百千克的石膏。将断裂的手臂用绷带固定的原理也可以应用在化石上：通过仔细包装，即使是脆弱的标本也可以在运输过程中毫发无损。此外，你选择的工具通常取决于你搜索的对象和具体的野外条件。这里，让我以我们在中国进行的挖掘工作为例，向你介绍我们的工具清单。在这次挖掘中，我们要寻找的是与恐龙同时代的哺乳动物化石，因此我们使用了各种不同的工具，大部分是在当地购买的。所以，如果你计划进行类似的挖掘工作，以下是一个参考清单：

- 拆除锤
- 便携式柴油发电机
- 三把铲子
- 各种凿子
- 地质锤
- 坚固的袋子
- 水泵
- 水管
- 带有筛网的大型金属桶
- 塑料盆
- 过氧化氢（也可用于伤口消毒）
- 筛子
- 止泻药（不是工具，但至关重要）
- 放大镜
- 包装材料
- 用于干燥沉积物的大型帐篷
- 液体胶水（用于防止化石在运输过程中破碎）
- 绘图纸和笔（用于在挖掘前记录连接在一起的骨骼的准确位置）
- 标尺（每次拍摄化石时放置在旁边，以提供尺寸参考）

带上这份示例清单，现在我们离开挖掘现场，来到古生物学修复师的工作室。如果你住在一个大城市，幸运的话，你也许可以亲眼见证这一过程，因为现在许多博物馆都允许游客透过玻璃观看化石修复师如何工作。但如果你没有时间或者附近没有化石修复师，也没有关系。让我们来看看别的。

我们现在置身于一个房间，里面有很多宽大的桌子，上面摆满了部分修复的化石。只有工作台上是相对整洁的。角落里安装了一个封闭的排风装置，类似于化学实验室中的排气罩。后墙上有一个巨大的物体，看起来像一台冰箱，但实际上是一个烘干柜，用来加热其中的物品。必备的显微镜半藏在岩石切割机后面。

值得一提的是，这里有一个有趣的小细节：尽管岩石切割机的旋转锯片可以像切牛油一样顺畅地切割石头，声音几乎与电锯无异，但你却可以轻松触摸它，不用担心会受伤（至少我们使用的这种型号是这样，但请绝对不要尝试在其他设备上测试这一点）。现在，让我们走近工作桌，看看我们的化石修复师正在使用什么工具。此刻，他手里拿着的可能是最典型的化石修复工具，这绝对是一种会唤醒你一些不愉快回忆的工具。这种工具被称为扁凿，它在外观和声音上与牙医的牙钻几乎没有区别。扁凿是一种通过气压驱动的精细凿子，用于精确地清理化石。在化石和岩石之间通常存在一个脆弱的区域，因此岩石通常会在化石周围自动断开。尽管扁凿可能是执行这项任务最受欢迎的工具，但实际上，有时在清理化石时也会使用真正的牙钻。因为我们的牙釉质在硬度上确实可以与许多岩石媲美（如果有人想要了解确切的信息，它的莫氏硬度标度为 5 级）。与牙医相似，化石修复师有时会钻得太深。但又与牙医不同，化石修复师在清理过程中通常不能得到来自化石的反馈信息，因此他必须非常小心谨慎。所以，通常情况下，清理一块化石要比你在牙医那里坐得更久。较大的化石通常会使用岩石锯进行切割，而非常小的化石则会使用随手可取的清理针，甚至手术刀来处理（你会注意到，在这里仍然看不到刷子的踪影）。

再来仔细观察这个排风系统，我们可以看到里面有各式各样带有多种警告标志的小瓶子，这表明在这里使用了各种化学试剂。尤其是在处理那些比周围岩石更坚硬的化石时，酸类或过氧化氢等化学试剂非常有用。特别是在处理微体化石时，将岩石溶解并用筛网捕捉化石要比尝试逐个清理它们要方便得多（由于这些微体化石实在是太小了，这更像是神经外科医生而不是化石修复师的工作了）。

现在，我们的化石修复师将正在处理的部分放在一边，然后将注意力转向刚才提到的微体化石。他走向干燥箱，拿出盛满数百万年前浮游生物的小容器，准备送到显微镜下进行进一步研究。如果你想知道这些化石为何会出现在干燥箱中，那答案是：它们所在的岩石已经被前面提到的化学物质溶解了。然后，用水冲洗掉所有的岩石和化学残留物。在这种情况下，干燥箱则被用来帮助我们快速检查化石。

化石修复师将这些化石样本放在显微镜下，然后从抽屉里取出了一把刷子！看，刷子终于有了用武之地。但这把刷子看起来与我们预想的不太一样。它是一支非常精细的绘画笔刷。化石修复师将刷尖轻轻浸入装满微体化石的容器中，同时透过显微镜的镜片观察着这些微小的化石。现在，他轻轻用笔刷敲击一个微小的化石，直到它被画笔的细毛粘住。然后，他可以将它转移到一个单独的塑料盒子中，而不用担心在途中将化石弄碎或掉在地上。这里值得一提的是，特别笨拙的古生物学家（比如我）还是完全有可能弄丢刚刚还在画笔尖上的微体化石。如果发生这种情况，有两种可能性：

1. 化石不是很重要，而且你还有很多这种化石。不要引起别人注意，吹个小曲儿，装出特别高兴的样子，好像什么都没发生过一样。

2. 化石很重要，尽快拿出另外两件工具 —— 手持扫帚和簸箕，希望你能快速找回它，不要在你的导师恰好走进实验室的时候，你正在四处搜寻。尽管从笔刷上弄丢化石并不是好事，必须在地板上四处搜寻它，但比起吞下化石来说，这还是好多了。据说伦敦自然博物馆的一个馆长曾经不小心将一个化石牙齿吞了下去。几天后，在经过了“过滤”后，这件化石终于被找了回来。

现代技术：数字革命

在古生物学领域，除了技术工具，数字工具在过去的几十年中也逐渐崭露头角。就像智能手机改变了我们的日常生活一样，数字三维模型为古生物学带来了无数新的可能性。与计算机技术一样，数字三维模型技术早在很久以前就已经存在，但直到大约 20 年前，它的用户友好性才得到了显著提高，开始成了日常工作中的一部分。就像在 20 世纪 80 年代你可能只是听说过雅达利计算机的名字，而今天你却可以在智能手机上使用智能地图一样，最早的数字化三维化石模型也是如此。如今，许多研究机构都在地下室设有自己的计算机断层扫描仪。简单来说，这种仪器会生成一系列 X 射线图像，然后可以在计算机上将它们组合在一起并进行标记。古生物学家可以根据预算使用免费或昂贵的专业软件（但这并不意味着一款价值 5000 欧元的软件不会因错误消息而让人抓狂和绝望）。在这个领域，可能性几乎是无限的，那些以前隐藏在化石内部、不可见的结构和特征现在可以被可视化，为研究提供了更多的细节和信息。这里，“隐藏”是一个相对的概念：如果你愿意牺牲你的化石，那么在100年前你也可以查看其内部结构（但与砸破储蓄罐类似，存在着内部内容不符合期望的可能性）。与简单的X射线图像不同，数字三维模型还可以进行额外的精确测量和复杂的研究。

如何在实际操作中研究以前无法接触到的结构呢？为了向你展示一个实际的例子，让我们离开古生物学，进入体育领域，做一个短暂的类比。你是否曾经在拳击比赛中看到过，一名拳击手正好被击中耳朵附近的位置？通常在这种情况下，这名拳击手的腿会突然变得非常不稳定，除了可能导致脑震荡，还因为这样的击打会影响到内耳的平衡器官，它由三个半圆形的弯管组成，每个弯管延伸到三个不同的空间方向。弯管中充满了液体，液体的变化会提供关于我们在空间中移动的信息。内耳的平衡器官（如果没有因为受到打击而摇晃）在大多数情况下能够为我们提供所有必要的信息，让我们能够在坚实的地面上自如行走。

然而，如果我们需要在树梢间跳跃，情况就不同了。在这种情况下，我们需要一个平衡器，使我们在不寻常的环境中能够保持稳定，以确保我们在关键时刻不会失去平衡。树栖动物和地栖动物的半规管直径存在差异，因此液体在其中的流动速度不同，这使得它们对于方向的感知也不同。对于古生物学家来说，了解动物的生活方式一直是一个非常令人兴奋的事情。然而，通常情况下，我们不希望切割那些稀有而保存完好的化石。幸运的是，现在不再需要这样做，因为我们可以使用计算机断层扫描仪：通过生成的X射线扫描图像，我们可以数字化测量化石的半规管直径，并将其与现存动物进行比较。因此，有时候，即使只有头骨的部分碎片，我们也能够推断出动物的生活方式（福尔摩斯都会佩服万分）。

这只是现代技术为古生物学带来的众多新机遇之一。如今，现代技术在古生物学中变得越来越重要，越来越多的化石正在使用粒子加速器（一种类似于 CT 的工具）进行扫描，以获得更高分辨率的图像。

然而，我们也不能忽略技术带来的困扰。每个人都了解，当你有必须完成的重要任务时，计算机却恰巧死机的痛苦。一台昂贵的计算机断层扫描仪也同样会出现这样令人沮丧的情况，尤其是当一位美国同事带着稀有的化石来访，而此刻设备却陷入了故障，技术人员只是告诉你他们会“尽快”赶来，然后设备肯定会“很快”恢复工作。此外，这样的设备也不像计算机、扫描仪或显示屏那样可以随便搬运——在我们的研究所，由于它带有沉重的铅板（出于防辐射的考虑，你懂的），必须使用起重机才能将它运到地下室。

除了查看岩石和化石内部的情况，古生物学家对细节的关注也永远不会嫌多。因此，几乎每个办公室都有一台显微镜。尽管现代显微镜提供了极高分辨率的图像，但在放大率方面（或者在操作上），它们都无法与扫描电子显微镜（SEM）相媲美。你是否曾经看过放大到令人不适的蚂蚁图片，甚至可以看到如细小毛发这样的微小细节？这很可能是通过扫描电子显微镜拍摄的图像（为什么这些图像总是关于蚂蚁，对我来说仍然是个谜）。与光学显微镜不同，扫描电子显微镜是将电子发射成束，通过真空环境照射到样品上来进行工作的。为了使样本能够良好地反射电子束，通常会在其表面涂覆一层极薄的导电材料（通常是金）。

像 CT 扫描仪或扫描电子显微镜这样的设备价格不菲，因此并非所有古生物研究所都配备有这些设备。研究人员经常会借用其他机构的设备。因此，许多医院都曾经接待过恐龙和其他化石“患者”前来进行 CT 扫描。相较之下，扫描电子显微镜则更少见。高昂的购买成本使得这种设备成为许多机构的宝贝。由于它们价格昂贵且对许多研究领域至关重要，因此这些设备通常都会用很久，有时较旧的显微镜软件只能在 Windows XP 上运行。这些设备通常会像经典老爷车一样，通过替换已报废的同类设备的零部件来维持运行，而且，通常还会配备一个几乎比显微镜本身还大的阴极射线管监视器来呈现图像。

这里提到的仅仅是古生物学中使用的众多方法中的一小部分。未来肯定还会涌现出更多新技术，来帮助我们揭示化石的秘密。

演化是什么

假设、理论和自然法则——对术语的一些澄清

在我们了解了古生物学的工作方式后，在接下来的章节中，我们将探讨化石如何揭示关于生命起源的信息。我们将深入探讨演化的机制，以及生命如何在数百万年的演化过程中产生新的物种。然而，在开始之前，我们需要澄清一些经常会引起混淆的术语。

有一次，我和我的姨妈闲聊起有关科学研究的话题。在聊天中，我提到了演化，以及尽管在生物学和古生物学领域内有着广泛的共识，但有些门外汉还是会因为无知或出于意识形态的原因而拒绝接受演化论。她回应道："嗯，演化只是一种理论，而不是自然法则。"这种反驳听起来似乎很有道理，但在结论上却是错误的。

许多人因"自然法则"的名称而错误地认为它是科学认知的最高和最终形式。因此，一个"理论"可能被认为不那么重要。然而，这种看法并不正确，因为在科学上，"自然法则"和"理论"有着不同的含义，涵盖了不同的领域。在科学背景下，一个理论永远不可能"升级"为自然法则，自然法则也永远不可能"降级"为理论。自然法则描述了一种过程。举例来说，艾萨克·牛顿认识到质量之间存在相互吸引的现象，并由此推导出了万有引力定律。根据这个法则，我们可以计算和描述一个过程，例如为什么苹果会落下而不是向上飞去。然而，这样的解释并没有说明为什么事物会如此。因此，牛顿提出了引力理论，它基于自然法则来解释现象，如潮汐的形成。后来，这一理论在爱因斯坦的广义相对论中得到了全面扩展。因此，自然法则首先"仅仅"只是数学公式。只有理论才能解释事物存在的原因。

也许你已经注意到，科学中的理论与日常中的理论不同。在日常用语中被称为观念、想法或理论的东西在科学术语中被称为假设。这些假设每天在科学领域中被提出、检验、证实或否定。科学理论具有更广泛的维度。它们源于一个或多个假设，并与假设存在两个方面的不同：首先，科学理论受到了大量观察和实验证据的支持，具备更高的可信度，而假设则未必经过如此广泛的实际验证。其次，科学理论能够更好、更合乎逻辑地解释更广泛的相关现象和复杂情况，相对于以前的解释方法，它们更具有说服力和解释力。例如，牛顿的引力理论首次完美地解释了行星的轨道、潮汐以及其他现象。

许多著名的大型理论在被广泛认可为事实之前都曾长期经受过反复考验。这也反映了通常只有在特指“解释本身”时，才会使用“理论”这个词。而当我们讨论现象本身时，通常会省略这个词。所以，我们通常说某事是“通过引力”来解释的，而不是说“通过引力理论”来解释。人们理所当然地接受了原子的存在，所以不用再特别强调原子理论。当你打开电视，看到空气清新剂和其他卫生产品的广告，它们声称可以高效杀菌，这是一个生动的例子，说明一种理论在实际应用中早已被视为事实。这是因为细菌的存在可以追溯到文艺复兴时期，当时法国科学家路易斯·巴斯德提出并发展了细菌理论。从古生物学和生物学的角度来看，在科学文章中，人们通常简单地称之为演化。

你可能在想：好吧，如果事情如此明显，为什么不直接称之为事实呢？这是因为科学永远不会停止。每一项研究，每一次实验，每一个新的化石都有可能带来新的认识，改变和扩展我们现有的知识。请想象科学就像法庭上的一场审判。在这场审判中，直到判决结果确立之前，被告都是被视为无罪的。在审判过程中，越来越多的证据被呈上法庭，案情逐渐清晰。通常情况下，一段时间后，审判结果会变得明朗。然而，人们会等到所有的证人被传唤，所有的鉴定报告都被提交上来之后才会宣布判决结果。在科学领域，情况也差不多，唯一不同的是这个过程永远不会终结。这可以看作是一个无限的证据收集过程。因此，无论情况有多明确，都不会正式做出最终判决。这也是为什么在科学（数学除外）的正式用语中很少使用像“事实”或“证明”这样的词汇。所以下次当你读到：科学家已经证明……时，你应该知道这句话很可能并不是由一位科学家写的。

基因和自然选择

当我们听到自然界的动物为了生存而竞争时，很可能立刻会想到猎食者追逐猎物的场景。然而，这种生存竞争只是自然界每天都在发生的众多竞争之一。每当你在森林中散步时，实际上都是在穿越一个战场，尽管你可能没有注意到，你正在见证一场无情的战斗，这场战斗在无数个前线同时爆发。在那边，一棵老树倒下了，一束光穿透原本茂密的树冠透了过来。这里有很多植物和年轻树苗的新枝，它们都朝着那束光不断生长。然而，只有极少数的幸运者将能够在这场竞争中脱颖而出，因为其他的植物将在失去光照后渐渐枯萎。鹿啃食着新生的植物嫩枝，而周围的老树内部则受到真菌的侵害，这些真菌试图从树木中获取足够的能量来产生孢子。

尽管上述看起来是一幅宁静而充满生机的画面，但对于那些植物来说却是一场生死竞赛。在这里，谁能够更快地生长，谁就拥有巨大的优势。昆虫也卷入了每日的生存之战中。例如，毛毛虫会啃食叶子并留下它们特有的痕迹（顺便说一句，这些痕迹也可以在化石中找到）。它们会削弱植物并减少其生存机会。与此同时，植物中可能含有毒素，用来抵御昆虫，这可能导致那些未能及时找到适合栖身之处的昆虫最终饿死。病毒和细菌也在努力生存（虽然关于病毒是否算在生存范畴内还存在争议），并试图繁殖，因此，森林中所有生物的免疫系统每天都在经受考验，而许多情况下，它们的免疫系统都无法应对这一切。

同一物种的个体之间也存在竞争。在高枝上的鸟巢里，年幼的鸟儿会为争取食物而大声哀求，最弱小的鸟儿会被兄弟姐妹们推挤到一边，最终可能无法生存下来。野猪可能会生下多只幼仔，而母猪的乳头却不够多。因此，只有那些能及早占据位置的个体才能幸存下来（这可以看作是“抢椅子游戏”的一个极端版本）。除了幼仔之间的竞争，对于许多动物来说，领地的争夺也可能会决定生死存亡。

因此可以说，自然界中所有可想象的资源都是有限的，因此竞争异常激烈。大约 200 年前，一位名叫查尔斯·达尔文的先生就意识到了这种情况对生命及其发展的巨大影响。

下面让我们一步步来探讨。请记住第一点，在自然界中，每个生物都承受着来自各个方向的巨大压力。如果我们详细研究任意一个动植物物种，并单独观察它们的个体，我们会发现每个个体都具有其所谓的特征。这些特征用来区分个体之间的所有属性。例如，身高、头发颜色、肤色，以及不那么直接的东西，如视力、脂肪储存倾向，或者行为方式，如攻击性或被动性倾向。这个列表可以一直继续下去，而且不仅仅局限于区分同一物种内的个体。举例来说，当我们比较黑猩猩和人类时，头部形状、肌肉类型或者牙齿结构都是不同的比较特征。通常情况下，这些特征（比如金发或棕发）由基因决定，也会受环境和个体发展的影响。例如，童年时期是否经历过饥饿会对身高产生影响。但尽管有这些外部影响，大多数特征还是主要或完全取决于遗传因素（无论你小时候吃多少，但如果你的基因注定身高不会超过 1.60 米，那么你永远不会长到 2 米，最多只能在宽度上达到）。

现在我们继续说第二点，请记住，后面还用得上，那就是一个个体的特征在很大程度上由其基因确定。

查尔斯·罗伯特·达尔文（1809—1882）是一位英国生物学家和地质学家。1831 年，他开始了一次为期数年的研究之旅，这次旅行让他对物种起源的研究产生了深远的影响，在此之前，一些科学家已经提出了物种可变的假设。但是查尔斯·达尔文认识到，自然选择是新物种形成的主要推动力。他与同事阿尔弗雷德·拉塞尔·华莱士一起被认为是演化理论的奠基人，并对生物学和古生物学产生了革命性的影响。

如果你的父母特别高，那么你也有很大的可能性会长得很高。自古以来，人们一直在利用基因的遗传来进行培育。如果他们希望家畜具有特定的特征，他们会更多地培育具有这些特征的个体，同时淘汰那些不具备期望基因的个体（也就是最终被端上餐桌的那些）。这也是第三点：父母很可能会将他们的特征遗传给他们的孩子。

除了父母的遗传，还有一个随机因素，即突变，它可以超越父母的遗传基因影响。这些突变不断发生，完全随机，通常没有影响，但有时是负面的（通常意味着“致命的”），或者在罕见情况下对个体有益。让我们将其视为第三个要点的一个补充。我们可以把“突变”简单地比喻为“父母遗传基因”这锅“汤”中的“调味料”。

第四点是，每种特征在一个群体中都以一定的规律分布。以身高为例，我们可以看到大多数人都接近平均身高，而有一些人较矮或较高，只有极少数人异常高或异常矮（希望这个表达没有引起误解）。对于其他特征，如对某些疾病的易感染性、体毛密度等，也存在类似的分布规律。最后一点，如果你仔细想想，就会明显发现，一个特征的表现可以对个体的生存机会产生积极、消极或几乎没有的影响。如果某一特征有可能影响生存，那么它对个体的影响通常取决于该特征在极端表现范围的哪一端。刚才我提到了鸟儿在巢中争夺以引起母亲的注意，获取比兄弟姐妹更多的食物的例子。

第五点是，个体特征的表现可以对生存产生积极或消极的影响。在这种情况下，那些在基因上具备生长更快、喊叫声更大、行为更占主导地位的个体会更有利。

让我们再总结一下：

· 所有生物都在为生存竞争。

· 每个个体都有许多特征，这些特征是由基因决定的。

· 遗传基因由父母传给子代（有时会因突变而略微改变）。

· 一个群体内的特征通常呈现出某种规律，很少有极端情况，而平均情况相对常见（符合高斯正态分布）。

· 特征的不同表现方式可能会积极或消极地影响个体在环境中的竞争优势。

现在，你已经具备了理解演化的一切要素。为了将所学知识付诸实践，让我们以一群狼为例，观察一下它们的腿长。在这个狼群中，有极少数个体的腿非常短，还有一些个体的腿短一些，大多数狼的腿都是中等长度，还有一些个体的腿较长，而极少数个体的腿则非常长。而腿长的差异在它们捕食的过程中扮演着重要的角色。在某些狼群中，它们的主要猎物是奔跑能力出色且持续奔跑时间较长的动物。所以对于狼来说，能够追上猎物非常重要。这就是为什么长腿对狼有利的原因，因为它们的长腿使它们在长距离奔跑时能够更有效地节省能量。当然，这只适用到一定程度，因为过长的腿在崎岖的地形和快速改变方向时可能会变得不利。因此，我们可以合理地推测，对于狼群来说，最理想的腿长可能会非常接近整体平均水平。还有一点要注意，只要环境条件保持稳定，从整个种群的角度来看，不会发生太大变化。那些腿非常短或非常长的狼在与同类的竞争中会处于劣势，因为它们在狩猎时会消耗更多的能量，或者更容易受伤。这当然不会导致所有“异类”都无法生存，但足以阻止大量拥有极端特征的个体繁殖，以至于整体平均水平不会发生变化。真正的改进是在环境条件发生变化的情况下发生的。假设狼群中的一部分由于海平面上升而被隔离到一个新形成的岛屿上，远离了大陆。在这个岛上，没有长距离奔跑的猎物，相反，更多的是小而敏捷的猎物。新的环境提出了完全不同的挑战，对于那些腿特别短、更容易在灌木丛中行动的个体来说，具有明显的优势。那么，这样代代相传会发生什么呢？通常情况下，长腿的狼在能够进行繁殖之前就有可能已经死掉了，因为它们在狩猎中面临着更大的困难，而腿较短的亲戚则能够相对较好地生存下来。当然，一些长腿的个体也会因其他因素如疾病、口渴等而死亡，不过还是会有一些长腿的狼能够生存足够长的时间以传递他们的基因。然而，代代相传的结果是，平均腿长将不断下降。数十万年后，狼将逐渐变成更类似狐狸或野狗的动物。如果海平面再次下降，那么曾经的狼群中的个体在行为和外貌上将与大陆上的亲戚们大不一样，以至于它们几乎不可能繁殖和重新杂交。因此，通过一步步的生物演化，随着时间的推移，新的物种便会逐渐形成。

鲸的演化

虽然化石可以记录演化的过程，但它们对于理解演化过程本身并不是必要的。环境的改变可以对生物的特征产生影响，种群会通过自然选择而逐渐变化，我们不需要化石的帮助就能看到这些。然而，在研究演化的过程中，化石仍然扮演着重要的角色，因为它们提供了直接的证据，使我们能够直接把握演化的一个重要组成部分，那就是时间。这里，我想以鲸的演化为例。鲸是哺乳动物，它们用乳汁哺育幼崽，用肺呼吸空气。

顺便说一句，对于完全生活在水中的生物来说，用肺呼吸这个特征通常并非一个有利条件。如果要逐渐过渡到另一种呼吸方式，那么需要通过许多代逐步进行。问题在于，这个过程中的每一个中间步骤一开始很可能并没有提供显著的优势，甚至可能会带来不利。因此，这样的演化路径有时根本无法启动，因为不仅需要达到有利的“最终目标”（尽管从演化的角度来看，我们永远不能称之为终点），还需要每个步骤都对生存有所促进。所以，除了环境因素，生物所携带的基因也起着重要作用，其中的一些限制被称为“约束”。它们解释了为什么许多在理论上可能的演化路径实际上并没有发生。

我们回到鲸的演化。很长一段时间以来，关于鲸类在哺乳动物谱系中的确切位置一直存在争议。20 世纪 90 年代的基因研究揭示了鲸类与偶蹄目动物包括骆驼、猪、河马、羊、牛和鹿等的亲缘关系。这一基因学发现引起了古生物学家们的高度关注，因为所有的偶蹄动物都有叫作距骨的结构，而且这个骨头上有两个滚动关节。在早期的地层中，人们经常发现一些被堆积到一起的鲸的骨骼，其中包括了那些具有偶蹄目动物特征的距骨。最初，人们怀疑这些化石是从大陆上的偶蹄目动物被冲走并沉积的残骸。然而，在进行了基因研究后，人们开始以不同的视角审视这些发现，并有针对性地寻找早期鲸的完整骨架，以获得直接的证据。尽管在此之前已经发现了鲸的部分骨骼化石，显示早期鲸仍然具有前肢和后肢，但直到 21 世纪初，才首次找到包括后肢的完整骨架。在 2000 年，一个研究小组在巴基斯坦大约 4700 万年前的沉积物中发现了一具早期鲸的骨架，它的每只后肢都有两个关节滚轮的距骨。这一发现让古生物学家们得以证实了一项当时基因学家们已经提出了约 10 年的假设。这个化石被命名为熊神鲸（*Artiocetus*），这个名字由“鲸目（Cetacea）”和“偶蹄目（Artiodactyla）”组合而成。在随后的几年里，古生物学家还发现了许多其他的鲸化石。它们最古老的代表（约 5000 万年前）仍几乎适应陆地上的生活。然而，随着时间的推移，越来越多骨骼的发现揭示出其对水生生活方式的适应性。一个过渡物种是走鲸（*Ambulocetus natans*），意为“游走的陆地鲸”。研究人员这样为其命名，是因为它们的骨骼明显适应水生生活，但后肢仍然发育良好。因此，人们猜测，这种大约在 4700 万年前发展起来的动物是水陆两栖动物，既生活在陆地上，也生活在水中。然而，对骨骼解剖学的进一步研究表明，游走鲸可能已经完全生活在水中，并像鳄一样在水中捕猎。在过渡到水中生活之后，尾巴成为主要的移动器官，伴随着后肢缩小（通常情况下，不再需要的身体部分会逐渐缩小，因为它们会浪费不必要的资源）。距今 3500 万 — 4000 万年前，著名的龙王鲸（尽管其名称可能让人误以为它是一种恐龙，当然它不是恐龙）已经完全适应了水中生活，身长近 15 米，呈蛇形，其后肢退化，非常短小。大约 3400 万年前，早期的鲸类开始分化成今天的两个主要群体，即齿鲸和须鲸。早期的须鲸化石显示，它们最初还有牙齿，然后逐渐演化出须状结构，而牙齿的重要性逐渐减弱。现代须鲸的胚胎也会长有牙齿，但随后这些牙齿会再次退化。

在本书的后续部分，我们将会看到很多例子，帮助我们随时间的变化以及新物种的演化追溯生命。在某些情况下，详细的化石记录清楚地展示了生物解剖结构的逐渐变化，而其他情况下，化石记录较少，古生物学家只能按照较长的时间段来追溯这些变化。这可以类比现代电影，由于每秒的高帧率使得画面在人眼前流畅播放，而早期电影有时看起来则不太连贯，就像用手翻动的卡片动画。然而，即使是后者，运动仍然清晰可见。化石也是如此。有时我们拥有非常完整“流畅”的记录，有时我们只有少数的化石。尽管如此，我们仍然可以看到生物随着时代的推移而不断变化，并在生命的谱系树上找到它们的位置。

随机性在演化中扮演了怎样的角色

捧着这本书，你此刻也许感到有些疑惑，你可能在想：“好吧，对于体形或肢体长度之类的特征，我能理解这可能是随机的结果。但复杂的器官呢，不可能都是随机产生的吧？”在谈论到演化时，这个问题经常会出现在古生物学家（或生物学家）面前。当人们理解了演化的驱动力是自然选择时，这个看似矛盾的情况——偶然性与复杂生物的产生，就迅速变得清晰了。自然选择意味着将随机性引导到有序的方向，最好的例子就是基因突变。突变在基因组中的变化是随机的，可能会使一个个体相对于其父母具有更低的患病风险。但同样的突变也可能导致个体罹患其祖先从未患过的疾病。基因组中的特定部分是否发生变异，很大程度上是随机的。同样，这种变异会产生中性、积极还是消极的影响也是随机的，而积极的变异很少发生。虽然这些遗传变化是随机的，但受影响的个体生存和繁衍后代的机会却并非随机的。

许多消极突变是致命的，会阻止胚胎正常发育。还有一些突变虽然不会立即致命，但会导致严重的生存限制。例如，由于突变，出生时腿部功能不全的鹿根本没有机会传递其基因。在演化中，这些随机的遗传变化会受到自然选择的引导，但这并不是随机的，而是会受环境条件和个体生存能力的影响。随着时间的推移，这个过程将导致物种逐渐适应得更好，并演化出复杂的器官，而不是完全依赖纯粹的偶然性。这些突变与轻微积极突变（例如更强的视力或更强大的免疫系统）相竞争。在这里，每个个体的发展也是随机的。因此，一个患有严重近视的生物可能成功地将其基因传递下去，而一个拥有强大免疫系统的个体也可能会在路上被汽车撞死。从统计学的角度来看，经过漫长的时间和大量个体的演化，生殖机会在本质上会在消极和积极突变之间摇摆，逐渐倾向于对积极突变有利的方向。因此，它们逐渐传递下去，可以长期影响种群的特性。

复杂器官的演化

生物是如何演化出更复杂器官的呢？以人类的眼睛为例，乍一看似乎太过复杂，很难想象它是如何从简单的光感受细胞演化而来的。然而，尽管相较于整个生物体的大小或单一骨骼的变化等简单演化来说，复杂结构的演化需要更长的时间，但这并不构成真正的问题。这一演化在漫长的时间跨度内以众多微小的步骤为基础。唯一的前提是每一代都必须从这些微小的改进中受益。因此，随着数百万年的演化，单一元素逐渐变得更加复杂。

以我们的眼睛为例，尽管化石记录在这方面提供的信息有限，但今天我们仍然可以在动物界中找到许多眼睛演化的不同阶段（我已经提到过，生物学和古生物学之间的关系非常密切）。试想一下，如果你是一种小型蠕虫状的生物，身体前部只有几个感光细胞，这些细胞只能让你分辨光线明暗，至少对你来说，这已经是一个小小的帮助。当你面前突然出现一个阴影时，为了安全起见，你会朝着另一个方向游去。因此，拥有所谓的“扁平眼”可以让它们比那些没有或感光细胞更少的同类更有优势。接下来的一个步骤可能是（我简化了整个过程，一次性考虑了很多步骤），一些个体拥有的感光细胞不都位于同一直线上，而是稍微向内弯曲，这可能是因为它们头部表面略微不平坦，这使得它们可以通过位于眼睛边缘的感光细胞来识别方向。来自右侧的光线或阴影只会被左侧的细胞感知，这种简单的结构被称为凹陷眼。如果这个趋势持续下去，我们很快将涉及一种简单的针孔相机式眼睛——光线只能通过一个小孔进入。与此同时，亿万年来，还会出现其他增强和复杂化的优势因素。例如，随着眼睛变得更深，一个开放的腔室将越来越不具备优势。与此同时，眼睛周围的组织逐渐演化成透明的结构，填充并密封眼睛。还逐渐引入了其他有利的元素，如能折射光线的透镜体。最初用于其他功能的肌肉逐渐接管了对透镜体的控制，并使之不断改进。在这个初步演化过程的结尾，我们得到了一个高度复杂的结构，比如人类的眼睛就是从一个较简单的起始系统演化而来的。

当然，这只是对整个演化过程的一个非常简单的概述，但希望通过它能说明演化的基本原理。现在，如果你关注这一生命谱系，会不断看到一些简单的生物，它们的眼睛位于较简单的“过渡阶段”，而它们稍微“演化”的亲戚们则拥有更时尚的复杂眼睛类型。

好了，假设你故意要扮演一个找碴儿的质疑者。首先，如果这些都是现存的动物，它们都有相似的时间来演化出复杂的眼睛，那么为什么其中一些动物仍然通过较简单的眼睛来看世界呢？其次，难道这一切不可能是由某位造物主设计的吗？

让我们从第一个问题开始。事实上，几乎每种改变，即使它带来了优势，都是有代价的。如果你赋予一只大部分时间都处于模糊的光线条件下的简单蠕虫像我们的眼睛这样的系统，这对它并没有好处。因为，这个可怜的小虫子并没有足够的大脑容量来处理所有通过神经传来的信息。事实上，这个可怜的小虫子会不断被刺激淹没。更复杂的眼睛需要一个更强大的“处理器”，这又需要更多的能量（通过食物获得）。一些种群之所以会选择这条演化道路，是因为它们的环境条件起到了积极的作用。然而，对于小虫子来说，它的眼睛在目前的环境条件下已经完全够用，而且从成本和收益的角度来看，甚至可以说是最佳适配。

第二个问题也是古生物学家经常被问到的问题，我不想在这里引发一场争论。但我将尝试解释为什么从科学的角度来看，通常不认为生命是由某位造物设计师创造的。首先，在本章中，我们看到即使没有外部的干预，复杂性也可以自然而然地产生。此外，生物体的“设计蓝图”中存在着许多特征，这些特征可能会让“设计师”的能力受到质疑，或者至少对其智力水平质疑。这是因为像我们的晶状体眼这样的系统通常携带着演化过程中的遗传特征。也许你听说过盲点这个概念，盲点是我们视野中的一个小点，在那里我们无法感知视觉信息（在互联网上可以找到各种测试方法）。这是因为我们传导信息的视神经在某个位置穿过了负责捕捉光的光感受器层。为什么会这样呢？这实际上是因为传递光感信息的神经细胞位于光感受器的前面，而不是像我们可能认为的那样在它们后面。在后一种情况下，光就可以直接作用于感受器，然后感受器将信息传递给在其后面的神经元，而这些神经元就像电缆一样将所有信息传输到大脑。但是，我们并没有这种合理的结构：感受器—神经元—视神经—大脑。我们的神经元位于感受器之前，也就是说，它们位于感受器和进入的光线之间。虽然这些神经细胞是透明的，可以让光线通过到达感受器，然后感受器通知位于它们前面的神经元，但遗憾的是，神经元必须以某种方式与大脑建立连接，以便传递它们获得的信息。因此，神经细胞聚集在一起，形成了视神经，穿过光感受器。在视神经通往大脑的地方，自然不可能有光感受器。这就是我们产生盲点的原因。与我们的眼睛相比，乌贼也独立演化出了类似的透镜眼。它们的眼睛与我们的非常相似，但有一个显著的区别，即它们的神经细胞位于感光细胞的后面。由于头足类动物的眼睛起源于头部外部的一个凹陷，而不像脊椎动物一样从大脑突出，所以乌贼成功避免了眼睛在演化历史中经历的不利发展。

虽然不能一概而论哪种系统更胜一筹（因为需要考虑太多限制性因素），但可以明确的是，乌贼的眼睛在逻辑上更合理。

最后，我想再举一个例子。假设你雇了一位电工，将一段电缆从主电源线连接到一米外的插座上。他开始工作，先在地下室钻了一个孔，然后把电缆从主电源线拉下来，绕在暖气片周围，接着在地下室的天花板上钻了第二个孔，然后将电缆从那里引到插座上。针对这种行为你会如何反应？与设计师不同，演化就像我们例子中的疯狂电工一样没有逻辑计划。它也不能简单地改变不理想的初始条件。声带神经是一根连接大脑和喉头的神经。理论上，这两者之间的距离应该很短。然而，几代医学生在解剖学课上都感到惊讶不已，因为这根神经并不直接从大脑出发，而是首先延伸到胸腔，绕过主动脉弓，然后再向上连接到喉头。我们人类这种绕来绕去的路径已经是相当奇怪了，而长颈鹿的神经路径更加离奇，需要绕一大圈才能完成连接。这一现象的原因可以追溯到我们的演化历史。早期的脊椎动物，也就是最早的鱼类，根本不需要考虑颈部的问题。和现代的鱼类一样，它们的神经通道位于喉部附近，非常短。这个神经通道会经过主动脉，但这并不是问题。只有当鱼类逐渐演化成拥有更长颈部的陆地脊椎动物时，这个神经才必须变得越来越长，而这一切都源于早期脊椎动物的遗传结构，无法再进行优化调整。下一章我们将深入讨论关于陆地脊椎动物与鱼类之间的这种关系，以及它们在生命之树上的分类。

生命之树

在我祖父的阁楼上，有一个巨大的纸张。当你展开它时，会看到一个错综复杂的网络图，上面写满了名字、线条和年代，一直追溯到 17 世纪。这些是我的祖父和一些远房亲戚一起收集的信息，目的是保留家族的历史（或许也希望找到一些声名显赫的祖先）。家谱研究当然可以很有趣，特别是当你已经有了完整的名单，可以查找自己是否与一些著名人物或军事将领有关系。但收集这些家谱信息是一项耗时且需要仔细研究档案的工作，如果有人肯花心思去做这件事时，你会感到庆幸不已。然而，很多时候，这些繁重的工作最终会被遗忘在阁楼上，直到曾孙辈满怀兴致地重新翻出它们，并开始探寻家族的历史。

科学有时也有类似的情况，人们费尽心思进行详细的研究，但最终可能不会引起太多关注。几十年后，这些研究可能会在某种偶然情况下被重新翻出来，并伴随着这样的感叹："噢，看这个！这正是我们一直在寻找的东西啊！太好了，已经有人研究过了！"当然，到那个时候，做这项研究的人可能早已退休或者不在人世了。

我祖父的家谱让我感到有点失望，因为里面既没有强盗也没有元帅，甚至没有任何地位高于佃农的人（这让我不禁怀疑，我的祖先大部分时间可能都站错了队）。除了希望在家谱中找到一个重要名字，我的祖父可能还受对自己起源的好奇心驱使——我的家族是否一直居住在这个地区？我的祖先是谁，他们的根在哪里？

与家谱研究类似，古生物学也有一些相似的问题，只不过这里的时间跨度要大得多，我们需要通过化石和解剖学研究来取代阁楼上的家谱记录。此外，我们研究的不是特定家庭的家谱，而是整个生命之树。这使得研究变得复杂得多。尽管如此，即使是外行人，也能够相对轻松地对这个星球上所有生物之间的相互关系有一个大致的了解。现在，我们就来尝试一下。

请想象一下，你正在公园与你的祖父母一起野餐，旁边的草地上有两只狗在玩耍。如果我现在请你指出在这个场景中哪些生物是亲缘关系最近的，那应该不难。你与祖父母的亲缘关系比你与两只狗之间的亲缘关系更近（至少我们希望如此），而这两只狗，尽管它们不是同一品种，但从亲缘关系上来看，都会追溯到它们共同的祖先——狼。

如果我们现在更详细地研究你的祖父母比如发现他们的家族几百年来一直居住在同一个村庄，他们的血统可能几百年前曾经属于同一个大家族，因此我们可以证明他们之间的亲缘关系。

现在，我们扩展一下这个场景，让一只小蜥蜴爬过一块石头。如果我们将它与我们自己和那两只狗相比，很容易发现，对比蜥蜴，我们与那两只狗有更多的共同之处。例如，有毛发或皮毛以及通过母乳哺育幼崽这样的事情是所有哺乳动物的典型特征。借助这些“同源特征”（共有衍征），我们可以将不同的群体归为一类。所以，在这个例子中，毛发就是哺乳动物的一种共有衍征。这些特征之所以重要是因为它们是共同的遗传特征。这意味着我们的毛发和其他哺乳动物群体的毛发都是从一个共同的祖先那里传承下来的。如果这种特征出现在两个群体的共同祖先身上，那么它就被称为同源。或者简单来说，现代鱼类的胸鳍和腹鳍与我们的腿是同源的。从演化的角度来看，它们是相同的结构，因为我们的腿是从鳍演化而来的。

尽管我们的演化线和蜥蜴的演化线在亿万年前才相交，但很明显，我们与蜥蜴拥有共同的演化历程。

一只知更鸟飞进田园诗般宁静的场景中，叽叽喳喳地叫着。这只知更鸟对我们提出了一些问题。尽管它可能比蜥蜴更讨人喜欢，但它的外貌和特征并不容易表明它的亲缘关系。或许你会指出这只鸟也是恒温动物，就像我们一样，但这样的看法会让我们陷入一种演化陷阱：相似的演化需求通常会导致相似的适应性，但这些适应性是独立产生的。例如，鸟类、蝙蝠和翼龙的翅膀具有相似的结构，但在细节上存在显著差异。在这三类生物中，构成它们翅膀的骨骼迥然不同。这种情况被称为趋同演化。它正好与我们前面提到的同源性相反。古生物学家通常会寻找同源性来区分不同的物种群，并努力避免落入趋同演化的陷阱。趋同演化也涉及恒温特征。然而，要理解这一点，我们需要深入研究鸟类和哺乳动物的新陈代谢细节。

很明显，仅仅进行表面的观察已经不足以帮助我们得出结论。我们需要深入地了解解剖结构。现在让我们来看看掠食恐龙的化石骨骼，比如迅猛龙。迅猛龙的骨骼结构不仅与鸟类有很多相似之处，还与前文提到的蜥蜴有一些共同点。这引出了一个假设，即在我们的场景中有三个不同的生物群体：哺乳动物（祖父母、狗）、爬行动物（蜥蜴）和鸟类（知更鸟）。然后，这三个群体可以被归类为陆生动物，它们与苍蝇之类的生物有所不同。

我们的例子涵盖了生物学家和古生物学家的核心工作：试图发现不同生物群体的共同之处，同时避免仅仅停留在表面的相似之处上。如果两个群体有很多共同点，那么这些共同点很可能是继承自共同的祖先。与古生物学不同，现代生物学有一个巨大的优势，那就是可以研究基因密码，将解剖特征替换为基因组中的特定部分。由于我们的基因组中包含着大量的信息，因此通过比较基因组，我们可以更可靠地推断出生物之间的亲缘关系。类似的方法在亲子鉴定等领域也被广泛应用，具有很高的准确性。

如果想要完整详尽地了解生命之树，我们需要掌握多个科学领域的知识。生物学为我们提供了一个出发点，帮助我们对当今的生物多样性进行分类和理解。然后，遗传学则让我们能够深入了解生物之间的亲缘关系。此外，在基因研究中，当我们深入到分子层面时，化学也变得非常重要。这种跨学科的研究有助于我们更好地理解自我复制分子（例如 DNA）以及生命起源的过程。在这个过程中，化学和生物学的界限开始变得模糊。

一段稍有倾向性的生命之树的旅程

现在，我们将探讨现代动物之间的亲缘关系，然后探讨如何用已经灭绝动物群的化石填补生命之树的缺失部分。我们将重点关注脊椎动物，或者用我以前一位老师的话来说——情感动物。

现在，请跟随我一同来到遥远的地质时代。最古老的化石很难明确，这是因为地球历史的前 30 亿年由单细胞生物主导，而更复杂的多细胞生物只在过去的 10 亿年中才逐渐出现。最古老的化石通常是一些单细胞生物留下的化学痕迹。其中，最著名的要属叠层石了，它们是由单细胞生物的薄膜构成的块状结构。它们的形成是由微生物薄膜上附着的颗粒以及微生物本身的化学分泌物所致。我们对它们的外观和形成过程已经有了深入的研究了解，因为它们今天仍然存在于世界各地的咸水湖泊和盐湖中。化石的记录贯穿了整个地质历史，一直延伸到大约 35 亿年前的岩层。

在地球前几十亿年漫长的历史中，发生了一些关键的演化事件，比如光合作用的出现。值得注意的是，光合作用引发了所谓的氧气危机，这场危机的规模之大足以让任何股市崩盘都相形见绌。在地球早期，大气中的氧气非常稀少，而大多数生物的新陈代谢过程并不依赖氧气。然而，光合作用产生的副产品是氧气。显然，这一演化策略非常成功，导致了大约 24 亿年前大气中的氧气含量急剧增加，由此引发了"氧气大灾难"。在这个过程中，少数一些细菌适应了氧气的存在，从中受益匪浅，而其他许多生物则面临生存环境急剧恶化的挑战。我们要感谢早期进行光合作用的蓝藻细菌，因为它们释放的氧气极大地改变了当时的大气成分，使我们的远古祖先在生命演化竞赛中赢得了关键先机。然而，这一过程并非一帆风顺，而是经历了一个漫长的时间跨度，导致了许多原始细菌的灭绝。此外，通过化学过程，大量氧气的产生可能也导致了约 23 亿年前一次巨大的冰河时代。还有一种假说认为，更复杂生命体的发展只有在氧气充足的情况下才成为可能：与其他可用分子不同，氧气提供了更大生物体所必需的能量。

确定更复杂生命体首次出现的确切时间仍然非常困难。这里有三个关键因素：

叠层石是地球生命最古老的见证之一。它们是由浅水中的微生物粘结海水中的沉积颗粒物形成的。

由于这些微生物依赖阳光，因此这种结构会缓慢地向上“生长”，并逐渐形成非常细腻的波状、花椰菜状纹层。叠层石在地球上的存在已经超过 30 亿年。图片中的这块叠层石形成于8亿年前的澳大利亚，现在被收藏在波恩大学戈尔德福斯博物馆中。它的横截面已经被抛光，以便展现各个层次。

· 并非所有时期都有能够提供可形成大型化石的沉积物。

· 出现最早的较大化石大约属于 5.8 亿年前，由于其不寻常的外观，无法确定它们属于今天已知的哪个生物群体。甚至，它们有可能属于今天完全不存在的生物群体（植物、动物、真菌或单细胞生物）。

· 此外，最早的动物很可能还没有坚硬的壳或骨骼，因此没有化石保存下来。

这些事实使得复杂生命体的确切起源依然深藏在地球历史的迷雾之中。这实际上是古生物学中的一个普遍现象：化石的出现通常只能提供它们存在的最早时间。要确定某一物种或生物群体确切的出现时间，除了直接的化石记录外，通常需要通过确定它们的亲缘关系来进一步缩小时间范围。

据我们这些科学家的了解，生命的盛大派对大约始于约 5.4 亿年前的寒武纪时代。尽管在地质时间尺度上，这个时期非常短暂，但早期的一些如今我们所熟知的动物类群都在那时首次登场：有甲壳的动物和被认为是“掠食者”的早期生物也首次亮相。这一现象被称为寒武纪生命大爆发。然而，对于这一现象是否真的是演化大发展的结果（例如，通过有甲壳的猎物和越来越大的捕食者之间的竞争），以及其中有多少归功于更好的化石保存条件，仍然存在激烈的争论。

现在，让我们按照从底部到顶部的顺序来对动物的谱系进行探索：

海绵在寒武纪大爆发前已经存在了 1 亿年左右。许多海绵形成了被称为海绵针的坚固结构，这些结构在化石记录中很早就被发现了（古生物学家将其称为化石记录，指的是所有在时间上有关联的、经过科学描述的化石的总和）。这些由硅或钙碳酸盐构成的小型结构可以呈现出多种不同的形态。通常情况下，它们看起来像小钩子或尖锥体。

海绵与大多数动物的不同之处在于，它们尚未发展出不同的组织类型（如肌肉、神经等），所以，它们的细胞没有明确定义的分工。

因此，它们与所谓的后生动物（Metazoa）在演化上具有姊妹关系。在后生动物这个群体中，有一支线早早地分化出来，并且自那时以来，一直拥有一种简单而高效的身体结构：这就是刺胞动物，其中最著名的代表是水母，它们曾经毁了不少人海滩度假的好心情。

与水母相对应的是一群“演化更高级”的动物，它们的共同亲缘关系显而易见。这个群体的所有代表（包括我们人类在内）都具有两侧对称的特点，也就是说，它们的左半部分与右半部分完全相同，而水母则是旋转对称。也就是说，如果你从上面观察水母，你可以把它们旋转一定的角度，这样它们便会看起来始终一样。然而，在大多数其他动物，包括我们人类身上，这是行不通的。因为我们发展出了两侧对称，所以我们可以沿着身体的中轴线镜像对称。

在对称动物中，有几个谱系是从无脊椎动物分支而来的，我想更详细地介绍其中两个在古生物学中发挥重要作用的谱系。

其中之一就是软体动物，也就是腹足纲动物。虽然它们的名字中带有“软”字，但实际上，这个类别中的许多成员，比如贝壳类动物，都拥有非常坚硬的外壳。这极大地增加了它们的化石保存潜力。因此，我们对这些坚硬外壳生物的演化历史有着相当深入的了解，它们的化石几乎已经成了一个象征。

另一个常见的拥有坚硬外壳的代表是菊石。它们属于软体动物中的头足类动物，与乌贼有亲缘关系，但与同样拥有螺旋形外壳的蜗牛不是同一家族。人们对菊石的大致印象来自今天仍然存在的鹦鹉螺。菊石出现在大约 4 亿年前的泥盆纪，种类繁多，其与大型恐龙同时期灭绝。菊石的多样性、保存能力和普遍性使它们成为标准化石的典型代表。另一类无脊椎动物是节肢动物。虽然大多数人可能对这个名字不太熟悉，但也许你至少会对一些甲壳动物和昆虫名称有所了解。这个类别包括蜘蛛、千足虫等动物，其特点是身体和腿的分节结构。实际上，一旦你将龙虾或其他甲壳动物与昆虫放在一起，你会明显注意到它们之间的许多相似之处。两者都有由几丁质构成的外骨骼（任何曾经晚上在度假酒店的房间里赤脚踩过蟑螂的人都知道），它们不止有四条腿（这一事实经常被吐槽），而且它们的身体可以分成多个节段。

如果我们观察 5.3 亿年前的寒武纪海洋，将会发现这个迷人群体的早期代表非常之多。三叶虫是一种类似于甲壳动物的生物，它们大量分布在海底。它们的甲壳保护它们免受像奇虾（*Anomalocaris*）（想象一下一个长达一米、自由游动的生物，看起来像一只虾，有着柄状的眼睛和两只长长的剪刀状口器）这样同样有甲壳的大型掠食者的伤害。

在这个充满甲壳动物、软体动物等的甲壳类和刺状动物的世界中，有一种小巧的、形似蠕虫的生物，它只在背部有一个加强结构，显得如此渺小。然而，过了相当长的一段时间，却从它们的后代中演化出了脊椎动物。

与此同时，我还想聊聊生命历史中非常奇特的分支之一，这个分支有一个有点不寻常的结局。

在这一点上，需要再次指出的是，上述动物群体出现在寒武纪或更年轻的地质年代，这并不标志着谱系在演化上彼此分离的时间。大型生命群体在演化树上的分支远早于这些动物的出现，当时它们的构造要简单得多。即使是脊索动物（两侧对称动物），它们也是构造非常简单的生物（一个带有简单的进食和排泄口的管道是它们的基本构造）。其中一个脊索动物的分支经历了一次令人惊叹的演化变化：在最初用于吸收养分的部分，也就是原肠区域，突然出现了一个开口；与此同时，最初的口也变成了肛门。这种颠倒对于构造更为复杂的生物来说已经不可能发生，但在构造非常简单的生物中，是可以通过相对较小的基因突变来实现的。经历了这种演化的群体被称为后口动物（Deuterostomia）。从演化的角度来看，它们是通过原肠中的一个口进食，另一个口排泄。这一类生物除了海星和海胆，还有脊椎动物，是的，就是指你。亲爱的读者，恭喜你们！你们和其他生物一样，使用原始的消化道来进食，把食物吃进嘴里并把废物排出体外。或许你会提出反问，刚才我说的这些变化发生在寒武纪之前，而那时还没有可发现的化石记录。那么，作为一名古生物学家，我怎么知道我们的祖先在演化过程中实际上交换了进食和排泄的功能呢？

我承认，我并不想隐瞒这个有关我们自己历史的迷人细节，所以我大胆地深入到了生物学领域。我们可以在胚胎阶段看到上述特点。在这里，我们可以比较后口动物与原口动物（Prostomia）的体腔开口变化。由于，胚胎的发育重现了物种的演化历程，因此我们可以从中推断出 5.3 亿多年前发生在我们祖先身上的事情。如前面所述，后口动物包括脊椎动物和棘皮动物（如海胆、海星等）。现在，让我们回到前面提到的野餐思维实验，我们会发现很难在我们和海星之间找到相似之处。这是因为棘皮动物在两侧对称的基础上发

这块三叶虫化石来自波恩大学戈尔德福斯博物馆，是已经灭绝的节肢动物的代表。三叶虫依赖其坚硬的外骨骼来保护自己，类似于今天的甲壳类动物，它们主要生活在海底，以捕食和食腐为生。

它们拥有丰富多样的形态，因此成了非常受欢迎的指相化石，也是用于研究演化过程的对象。最古老的三叶虫化石可以追溯到大约5.21亿年前的寒武纪，而最后一批三叶虫则在二叠纪末的大规模物种灭绝事件中灭绝。

展出了五辐射对称，使得一切都变得复杂起来。但是，如果你发现自己陷入了不得不向无脊椎动物“借钱”的尴尬境地，那么你去找海胆“攀亲戚”的机会要比找昆虫大得多。

现在，让我们重新回到前面提到的那种小型、蠕虫般的生物。它有一个可爱的名字——海口鱼(*Haikouichthys*)，它完全没有外骨骼，游过充满刺和甲壳的原始海洋。乍一看，这种生物在古代海洋中似乎有些迷茫，但它拥有一些隐秘的特征，这些特征有助于它生存下来，并将其传承给后代。在它的背部形成了一种弹性支撑结构(所谓的脊索)，肌肉可以在这里得到支撑，并且在经过数百万年的演化后发展成为我们的椎间盘。在这一点上，应该重复一个重要的定义：我们的椎间盘在演化过程中与海口鱼的脊索具有同源性。此外，我们的小祖先已经拥有了软骨头、简单的眼睛和原始的大脑。经过亿万年的演化，最终产生了鱼类。最初，它们的身体还部分被坚硬的外壳保护着，内部骨骼是软骨(就像现在的鲨鱼和鳐鱼一样)，后来逐渐演化出完全骨化的骨骼(这是几乎所有被鱼刺卡住过的人在痛苦中学到的经验)。在鱼类中有一个分支，包括现代肺鱼，大约在 3.75 亿年前的泥盆纪时期发展出了一些引人注目的适应性特征，使它们能够真正意义上爬上陆地。

征服陆地——鱼儿离开水

有一个常见的误解，即脊椎动物登陆是出于某种“征服”陆地的目的。然而，正如我们之前所了解的，演化并非有目的或有计划的，它只是偏好于对每一代个体最有利的特征。因此，不能解释四肢的发展是为了开拓新的生活环境。我们的远古祖先因为不得不一次又一次地面临水位波动和水源干涸的挑战，逐渐登陆（经过许多代）。即使今天，许多鱼类，如上面提到的肺鱼，在环境需要时也可以短时间到陆地上活动。在这些情况下，那些能够最好适应环境的个体有更多的机会将它们的遗传信息传递给下一代。因此，存在着一系列 3.75 亿— 3.65 亿年前的化石，例如在加拿大北部发现的提塔利克鱼（*Tiktaalik*）或者已经非常类似两栖动物的鱼石螈（*Ichthyostega*），它们展示了从鳍逐渐演变为四肢的过程。但与迪士尼的《小美人鱼》不同，从水中到陆地的过渡是一个极为缓慢的过程，它通过一系列微小而渐进的变化，并经历了非常多的失败尝试（这也许解释了为什么迪士尼更喜欢拍童话而非科学题材的原因）才实现的，就像演化中的每一步一样。

然而，最早的陆地脊椎动物仍然高度依赖水。它们最近的现存亲戚，也就是两栖动物，仍然表现出对水的依赖，通常需要在水域进行产卵，并且像许多鱼类一样，它们的仔鱼阶段需要在水中度过。与今天的两栖动物的祖先不同，我们类似蜥蜴的远古祖先逐渐演化出完全适应陆地生活的特征。

大约在 3 亿年前，也就是石炭纪末期，两群覆盖着鳞片的小型动物共同生活在地球上。除了一些解剖细节，它们在外观上非常相似。它们都有鳞片保护，可以防止身体干燥脱水，而且它们的卵不再需要产在水中。然而，它们后代的命运却将完全不同。从其中一条演化线传承下来的是今天所有爬行动物的祖先，而另一条演化线的后代则逐渐专注于更活跃的陆地生活方式。在接下来的二叠纪时代，当时所有的大陆汇聚成巨大的超级大陆“盘古大陆”，被称为合弓动物的家族统治着这片巨大而连绵的陆地，它们包括小巧灵活的猛兽和庞大的食草动物。

然而，在距今大约2亿年前的二叠纪末期，合弓动物的辉煌时代终结了。在结束恐龙时代的那颗陨石出现之前，生命已经遭受了一次巨大的灾难。我们将更详细地研究这一重大转折的细节，以了解这场生物大灭绝的确切情况。

在二叠纪末期的剧变之后，生命开始恢复，但环境已经发生了巨大的变化。只有极少数的合弓动物幸存下来，而接下来的很长一段时间里，它们无法恢复到以前的多样性。这个“虚弱的”状态为其他一些生物提供了机会。于是，地球历史的这个阶段成了爬行动物的时代。

在三叠纪时期，一些被称为主龙类的生物，包括鳄鱼在内，也开始尝试更加积极的生活方式。

翼龙飞向天空，成为第一种发展出主动飞行，并征服天空的脊椎动物。但在它们的近亲身上还出现了意义更深远的发展。

让我们想象一下2.3亿年前的世界，你可能会看到一片由铁角蕨、棕榈蕨、银杏构成的森林。灌木丛中，一只小型爬行动物在追逐一只蜻蜓。这只小型爬行动物大约高30厘米，从头到尾大约长1米多一点儿。但与这片森林的所有其他居民不同，它不是四足行走，而是依靠强健的后肢迅速奔跑。它将前肢贴紧身体，细长的头部迅速朝昆虫咬去，敏捷地穿过茂密的灌木丛。始盗龙（*Eoraptor*）是最早的恐龙之一，代表了那些在接下来的1.7亿年里统治地球的恐龙原型。它的一些后代会再次放弃敏捷的生活方式，而另一些则专注于两条腿的主动狩猎模式。

我们可以进一步追溯爬行动物和突合弓类动物的家谱，就像可以继续追溯我们所遇到的每一个分支一样。在接下来的章节中，我们将探讨我们的祖先和恐龙。在生命之树上，实际上并没有“最高级的群体”（是的，即使是我们也没有占据这个位置）。

恐龙到底经历了什么

骨头大战

你曾经有过竞争对手吗？在工作、运动或社交圈中是否有这样的人，你不太喜欢，但他们总是和你实力相当，甚至能够取得更大的成功，尽管他们的表现不如你？大部分人可能都曾或多或少有过这种经历。假设你是 19 世纪末美国的一位古生物学家。如果不是因为一位来自另一所大学的同行，一切都很美好。你个人对他并没有太多好感，因为他显然持有一些不正确的观点，最糟糕的是，他的声望与你相当。那么，你要如何向这位令人不悦的同行展示自己的实力呢？没错！当然是通过发现更多的新物种，发表更具影响力的研究来超越你的竞争对手。

在 19 世纪 70 年代左右，就有两位先生面临着类似的情况：奥塞内尔·查利斯·马什和爱德华·德林克·科普开始了一场后来被称为“骨头大战”的竞争。在这场竞争中，两人确定了大量的新物种，包括 100 多种新的恐龙物种（尽管后来很多都被归并为同义词，因此最终数量要少得多）。此外，正如这场“骨头大战”的名字所暗示的，这两位竞争者最终陷入了经济危机。尽管他们在科学发现方面取得了巨大的成就，但声誉也受到了损害。

马什是著名的耶鲁大学新成立的皮博迪自然博物馆的第一任馆长，而科普则是宾夕法尼亚大学的教授。在他们职业生涯初期，这两位科学家似乎还保持着良好的关系，但随着时间的推移，这种关系逐渐开始恶化。导致他们矛盾的确切原因存在争议。除了挖掘竞争的压力，性格差异和科学分歧可能也起到了一定作用。例如，科普支持拉马克的演化理论，即个体通过适应环境而在生活中获得的变化会影响遗传，并传递给后代（经典例子是长颈鹿：经过一代又一代，它们的脖子越来越长，以便能够吃到更高的树叶）。

而马什则支持查尔斯·达尔文的观点，即自然选择是生物变化的推动力。有关他们造成彼此敌对的原因有许多版本，其中一种被广泛引用的说法是，马什公开羞辱了科普，指责他在重建海生爬行动物颈蛇龙（*Elasmosaurus*）时将头部放在了错误的一端，也就是放在了尾部。然而，对待这则轶事应该持保留态度，因为在两人的激烈竞争已经进行了整整 20 年之后，马什才声称，他是第一个注意到这个错误的人。虽然说，事实上，科普确实在他的首次描述中将这个动物的重建搞"颠倒了"。然而，更可能导致两人交恶的原因是，在 1872 年左右，他们去了相同的化石采集地。先到达的那一方常常会感到另一方侵犯了自己的领地。此外，还存在一个问题，即有时两人的化石发现会有重叠，因此第一个为新物种命名的人通常会获得声誉（科学上通常认可对某一物种的首次描述）。所以，两人都努力使对方的发表无效。马什通常可以动用更多的财力进行采集活动。后来，他让员工为他采集化石，而自己则专注于处理已发掘的化石。挖掘工作将两位研究人员带到遥远的西部不太发达的地区。因此，马什曾一度与著名的童子军和猎人"野牛比尔"合作。他们还与苏族人有过接触。随着在怀俄明州发现了丰富的化石层，双方都雇用了采集队，并建立了专门用于寻找化石的采石场。两个研究小组的成员也被卷入了激烈的竞争中，导致了间谍活动、破坏行为，甚至故意摧毁无法挖掘出来的化石。"骨头大战"这个名称确实非常贴切。

而在他们的家乡，竞争也在继续。两个人都不放过任何机会，公开批评和强调对方潜在和真实的错误。他们的斗争不仅局限于学术领域，还利用政治指责来向对方施加压力。这场争斗激起了广泛的关注，以至于连普通民众也能通过报纸文章了解到这场“骨头大战”。这场对抗持续到 1897 年科普去世。结果是，两人在财务上都遭受了巨大的损失，而他们卓越的科学成就也因恶劣的竞争手段而蒙上了阴影。然而，“骨头大战”确实让恐龙进入了美国公众的视野，许多今天众所周知的恐龙都可以追溯到这两位竞争者的发现。虽然马什主导了大部分关于恐龙的出版物，但科普在古生物学的许多其他领域也作出了重要的贡献。

那么，恐龙到底是什么

这个问题并不容易回答。让我们先来看看鳄鱼吧，这样你就可以看到恐龙最近的现存亲属了。再看看鸟类，你会发现它的身上有着恐龙的影子。现在让我们回到“生命之树”那一章，重新审视恐龙的起源。

大约在 2.3 亿年前，最早的恐龙是一群小型的两足行走动物，它们与我们通常所认知的“迟缓”的爬行动物形象截然不同。而当时（三叠纪时期）地球上最大的陆地捕食动物实际上是现代鳄鱼的近亲。想象一下，一只鳄鱼四肢不是向两侧伸展，而是位于身体下方，这使得它在陆地上的耐力和灵活性大大提高，而且它的头骨看起来更像是一只庞大的掠食性恐龙。相当吸引人，不是吗？然而，直到这些巨型生物在三叠纪末逐渐灭绝，它们的竞争对手——恐龙才渐渐崭露头角。因为最初，恐龙是纯粹的陆地动物。其他著名的“恐龙”，如翼龙和海生爬行动物（译者注：如鱼龙），则属于生命之树上不同的分支。虽然翼龙与真正的恐龙仍有密切的亲缘关系，但海生爬行动物却是各式各样的爬行动物，它们独立多次地演化出海洋生活方式，并且彼此之间并没有亲缘关系。这就引发了一个问题：究竟该如何定义恐龙？

由于恐龙具有几个特殊的骨骼特征，这需要一些解剖学知识来进行解释，在这里，我将重点介绍一个相对容易理解的特征：在恐龙的手或前脚内部，第四和第五趾的关节数量减少，而在后来的恐龙形态中，它们甚至可以完全消失（例如掠食性恐龙）。通过这个特征，你可以将恐龙与它们的近亲区分开来。相比之下，鳄鱼在前脚的所有趾骨上都具有“完整”的关节。这里列出了一些其他特征，以备你研究三叠纪时期的潜在恐龙骨骼时所需：开放式的髋臼、圆形的股骨头、存在至少三个骶椎、前额骨缺失、关节球窝朝向尾部倾斜……如果我再不停下来，可能其他读者会像解剖学课上的学生一样失去兴趣了。

就我们的目的而言，知道恐龙与翼龙和鳄鱼密切相关就足够了，在演化早期，恐龙是活跃的两足行走动物，与它们的爬行动物祖先不同，它们的肢体位于身体下方，更有利于节省能量。在恐龙的早期演化中，它们的谱系分为两个不同的分支。这些分支之间的区别可以通过它们盆骨的形态来划分，分别被称为蜥臀目恐龙（Saurischia）和鸟臀目恐龙（Ornithischia）。这些名称来源于它们的骨盆形状与爬行动物或鸟类的相似性。现在，你可以猜测一下，现代鸟类是从这两个谱系中的哪一个演化而来的。

这实际上是古生物学中一个具有重大意义且充满讽刺意味的巧合。事实上，鸟臀目恐龙并不是现代鸟类的祖先，现代鸟类起源于蜥臀目恐龙。这个貌似矛盾的情况可以解释为 19 世纪的命名方式是基于它们相对相似的特征，这也是趋同演化的另一个例子。此外，这两个谱系分化的时间点比现代鸟类的出现早了大约 8000 万年。

如果你现在还对蜥臀目恐龙和鸟臀目恐龙这些术语感到陌生，那么，让我们来看看在中生代，这两个分支将会演化出哪些著名的物种。在蜥臀目恐龙这一边，有两个群体尤其值得一提，我们在前文中已经提到过它们，那就是长颈蜥脚类恐龙，其中包括巨型种类，如腕龙（*Brachiosaurus*）和阿根廷龙（*Argentinosaurus*），以及较小的岛屿种类，例如在德国下萨克森州发现的欧罗巴龙（*Europasaurus*），以及兽脚亚目食肉恐龙，其中最为著名的代表是家鸡（Gallus gallus domesticus），其次是霸王龙（*Tyrannosaurus rex*），以及在电影《侏罗纪公园》中声名大噪的迅猛龙（*Velociraptor*）。

而在鸟臀目恐龙这一边，我们还可以找到其他一些亚群。例如角龙类，其中最大的代表是三角龙（*Triceratops*），以及带刺甲的剑龙、甲龙，还有嘴巴扁平的鸭嘴龙类。

儿童房中的英雄：鸟臀目恐龙

现在，让我们来关注鸟臀目恐龙的演化过程。最初，它们是快速移动的两足行走动物，但已经相当程度地适应了植物性食物。直到侏罗纪时代，大约在 1.99 亿年前，当恐龙完全主宰了陆地生态系统，大型四足植食性恐龙才开始登场。然而，与巨大的蜥脚类恐龙不同，这些鸟臀目恐龙并没有达到单凭体形就足以自我保护的程度。因此它们在演化过程中发展出了丰富多样的防御武器：角、尾巴上的刺，以及强壮有力的尾部结构，还有锋利的爪子。如今，正是这些特征使世界各地的孩子可以在他们的房间里进行激烈而富有创意的模拟恐龙大战。除此之外，鸟臀目恐龙另一个不太明显但令研究者同样感兴趣的特点是它们的牙齿结构，这让它们与蜥脚类恐龙和掠食性恐龙有所不同。类似于哺乳动物，鸟臀目恐龙可以在嘴巴中咀嚼和破碎食物，以更好地消化食物。然而，与我们毛发茂盛的祖先不同，像剑龙这样的鸟臀目恐龙并没有演化出高度精密的咬合机制，它们更多地依赖"以量取胜"的策略。它们的下颌中有一整排不断被替换的牙齿，以取代被磨损的牙齿。虽然有些物种可能是独居型的，但也存在证据表明它们展现一定的社会性行为和群居现象，例如共同筑巢。人们曾发现一些鸭嘴龙科慈母龙（*Maiasaura*）的巢穴，显示幼崽在孵化后仍然相对不成熟，需要在巢穴中度过一段时间，由父母进行喂养。这种行为类似于鸟类的筑巢期，需要父母的高度照顾。另外，掘奔龙（*Oryctodromeus*）还表现出一种特别不寻常的行为。科研人员在美国蒙大拿州大约 9500 万年前的沉积物中发现了一块大约两米高的双足恐龙化石。这个发现包括一只成年恐龙和两只幼崽的骨骼，它们被埋在一个充满沉积物的洞穴中。这个洞穴很可能是这些恐龙自己挖掘的，可能用来保护自己免受捕食者的威胁，同时也可能用来孵化幼崽。它们的前肢骨骼结构证实了关于它们能够自己挖掘巢穴的假设。值得注意的是，通过新的化石发现，我们对于恐龙多样生活方式的了解在过去几十年里有了显著的增长。这一现象在下一章中我们探讨早期人类祖先时将会再次出现。

个头儿至关重要：蜥脚类恐龙

在大型自然博物馆中，每天都上演着一个有趣的场景。成年游客走进展览厅，四处张望，试图先弄清楚方向，而学生们则兴高采烈地涌入大厅，测试着所有脆弱展品的安全措施是否足够完善。

但无论是老年游客、年轻情侣，还是兴奋不已的孩子，哪怕是快要把老师逼到崩溃边缘的调皮小男孩，只要他们走进中央摆放着一具巨大恐龙骨架的房间，都会做出相同的反应。恐龙的个头儿越大，这一现象就越明显。无论房间里还有其他什么展品，都会黯然失色。游客们来到这个庞然大物面前的前几分钟都会被它完全吸引住。恐龙之所以成为最受欢迎的已灭绝生物之一，其中一个最重要的原因可能是它们中的一些物种拥有巨大的体形。当我们谈论大型恐龙时，需要先看看我们所指的是哪些物种。在掠食性恐龙（兽脚亚目）中，最大的种类如棘龙（*Spinosaurus*）或南方巨兽龙（*Giganotosaurus*）可以达到 15 米长。而在刚才提到的鸟臀目恐龙中，齿颌龙（*Shantungosaurus*）是其中最大的代表之一，其长度也可达 15 米。然而，所有这些物种与蜥脚类恐龙在其演化过程中达到的体形相比都显得相对较小。阿根廷龙（*Argentinosaurus*）是我们迄今为止所知的最大的陆地生物，身长超过 30 米，估计体重超过 60 吨。那么，为什么这些动物会变得如此巨大呢？还有更难回答的问题：为什么其他动物没有变得如此庞大？

关于“为什么”的问题相对来说容易回答。只要有足够的食物可食用，巨大的体形通常会带来许多优势。

一方面，身体更大的个体在同种族内有更强的竞争力，无论是在求偶斗争还是领地争夺中都更具优势。另一方面，它们可以更好地抵御捕食者的袭击（类似于保镖通过体格威慑潜在敌人，向对方传递“最好去找个更容易对付的目标”的信息，在自然界也有类似的效果）。我们前面提到的古生物学家爱德华·德林克·科普提出了科普法则，根据这一法则，演化会导致物种体形逐渐增大。虽然这一法则只能被视为一种粗略的准则，因为有很多物种并不遵循这一规律，但可以确定的是，体形增大是一种相当典型的现象。而让人感到讽刺的是，那些变得越来越大的生物的演化路径通常却面临更高的灭绝风险。这个看似矛盾的现象在更大的背景下就会变得清晰起来。由于以上提到的原因，较大个体在个体层面具有更高的生存机会，因此一代一代，更大的个体会更多地进行繁殖。然而，当环境条件在短时间内发生剧烈变化，例如食物资源变得匮乏时，大型物种往往最容易受到影响。这一趋势说明了演化并非有计划的行为。

一方面，拥有更多的繁殖机会通常会更容易将基因传承下去。至于这些特质是否会导致该物种数千代后，在环境变化中处于不利地位，在这个情境下并不重要。从这个角度看，演化遵循着“船到桥头自然直”的原则。

换句话说，就算是你的基因在数百万年后对人类来说不再是最佳选择，你也不会因此而放弃繁衍后代的机会！

我们可以在许多恐龙类别中观察到体形变巨大的趋势。但为什么只有蜥脚类恐龙达到了如此巨大的体形呢？人们最初的想法是这与食物供应有关，但遗憾的是这并不能提供令人满意的解释。大型蜥脚类恐龙的化石在不同生态系统中出现了超过 1 亿年的时间。它们与同样以植物为食的鸟臀目恐龙同时存在，但鸟臀目恐龙最大代表的最大体重只有 16 吨，远远不及蜥脚类恐龙的质量。同样，在这个范围内还有最大的陆地哺乳动物——巨犀（*Paraceratherium*），它是犀牛约 3000 万年前的亲戚，肩高约 4 米，体重约 20 吨。有趣的是，导致食草的鸟臀目恐龙和（陆地）哺乳动物无法达到食草蜥脚类恐龙的巨大体形的可能原因之一是它们的咀嚼能力。是的，咀嚼会限制演化性增长。在你问我，是否要继续告诉孩子好好吃饭，细细咀嚼，这样你才会长得又高又壮之前，我来告诉你，答案是肯定的（尽管我不能确定这在医学上是否正确）。从演化的角度而言，在口腔内咀嚼食物虽然有很多好处，但它确实会限制生长。为了理解这一点，我们首先需要了解一些事实：

· 身体越大，能量消耗越高。

· 能量消耗越高，需要摄取的食物就越多。

· 如果需要咀嚼，那么就必须嚼更多的食物。

· 需要嚼的食物越多，需要的肌肉就越多。

· 需要的肌肉越多，就需要更多的空间来将它们固定在头骨上（稍微移动下颌，咬紧，然后用指尖在耳朵前部和上部按压你的头部，你可以感受到下颌肌肉附着的位置）。

- 需要为下颌肌肉腾出更多空间，头骨就必须更大（因此更重）。

这涉及恐龙演化中的一个核心问题：当一个生物体增大时，其体积和能量消耗都以三次方的速度增加（体积单位为立方厘米）。然而，可容纳颌肌肉的表面积只会以二次方的速度增加，因为它只是一个表面积（表面积单位为平方厘米）。当一个以咀嚼食物为主的动物随着体形的增大需要处理更多食物时，便会出现以下问题：为了容纳更多的咀嚼肌肉，头骨需要更多的空间（也就是更多的表面积），这会导致头骨过度增长（最终头骨可能比整个动物的其他部分都要大）。这种趋势存在一定的限制，对于需要咀嚼食物的动物而言，随着体形的增大，能量消耗会比能量摄入得更快，因此变得不再具备优势。

但是，等等！如果体形是一种优势，为什么动物不放弃咀嚼食物的能力，以便能够变得更大呢？答案依然是因为演化并不是有计划的过程。当一个物种在演化中专门适应了某种食物类型（因为这带来了优势），那么对于个体而言，任何偏离这种适应的遗传变化对于在竞争中生存的个体来说，起初都可能是一种不利因素。这意味着，即使它们的后代可能在 *X* 代之后会因为更大的体形而受益，但这并不会帮助个体在现在的生存竞争中获得优势。相应地，一个已经高度发展的特征也不会只是为了给未来可能有用的特征腾出空间而退化。

好了，现在我们已经了解了限制生物体增长的一个原因。但这并不是全部，毕竟还有许多不进行咀嚼的动物。在这一点上，我们已经进入了当前研究的领域。我们已经提到过，早期的古生物学家通常高估了这些动物的体重，因此得出了一些蜥脚类恐龙部分生活在水下的错误结论，从物理学的角度来看，这也是不可能的。随着时间的推移，人们逐渐认识到这些巨型生物的轻便结构。与“我不胖，我只是骨头重”这句话相反，蜥脚类恐龙的骨骼中充满了孔洞和凹陷，例如它们的脊椎。这些空腔中包含了部分肺组织，这使得它们的骨骼比其他动物的骨骼要轻。

如果你现在对肺部为什么出现在脊椎骨中感到疑惑，我可以向你保证，你的解剖学知识并没有出错。如果我们的肺部也有这样的空腔（假设有相应的腔体），那么我们无疑会被确定为不健康。但是，蜥脚类恐龙的肺部与哺乳动物的肺部不同，而是更类似于鸟类的肺部。

鸟类的肺部与我们的肺部有很大的区别。它们拥有多个所谓的气囊，延伸到身体不同部位，并贴附在骨骼区域。尽管肺部本身并没有保存下来，但气囊分支的明显腔体和凹陷可以在掠食性恐龙、蜥脚类恐龙以及早期鸟类如始祖鸟（*Archaeopteryx*）中找到。这种特殊的解剖结构不仅使骨骼变得轻巧，还通过气囊的体积和持续供氧的血液循环，解决了长脖子动物传统肺部的死腔问题。气囊的大表面积还有助于降低体温，防止这些巨大动物的身体过热。出于同样的原因，大象拥有大而富含血管的耳朵，将热量散发到周围环境中。在前文中，我们已经了解到，与体积相比，较大的动物拥有较小的体表面积（就像较大的立方体或球体一样）。因此，它们在运动时特别容易过热（与小型动物不同，小型动物更容易冻死）。除了具有轻盈的体格和类似于鸟类的肺部结构，还有一个因素与蜥脚类恐龙的巨大体形增长密切相关。试想一下，如果你严重超重。每一个动作都需要付出巨大的努力，你很快便会大汗淋漓，你会避免任何不必要的压力（尤其是任何形式的运动）。现在，你饿了！非常饿！你的体形越大，饥饿感就越强烈。对你来说是一小份的食物可能足够维持其他人一整天所需的热量。虽然蜥脚类恐龙可能没有感受到肥胖的疲惫感，但庞大的身体需要大量食物，每次移动都会消耗大量能量。这些恐龙很可能大部分时间都在吃东西。因此，如果它们可以尽量减少运动，但又能轻松获取大量食物，那就更好了。这就是为什么随着蜥脚类恐龙不断刷新体形纪录，它们的脖子也变得越来越长（而这又只有在拥有特殊肺部和小头部的情况下才可能发生）。有了长脖子，它们不必多走路就可以吃到更大范围内的食物。最终结论是，蜥脚类恐龙的逐渐增大是由多种因素相互作用共同导致的。对其他陆地动物来说，变得如此庞大几乎是不可能的事情。这一切都是在它们的演化过程中逐渐汇合在一起的。

斑龙（*Megalosaurus*）——一个配得上恐龙的名字

人类有史以来发现的第一块恐龙化石是什么？老实说，我也不清楚。很可能早在有历史记录前，人类就已经偶然发现了恐龙的化石遗骸。然而，虽然没有这方面确凿的历史记载，但我们可以相对清晰地回答关于第一个被科学描述的恐龙的问题，也就是首次认定恐龙身份的时间。1824 年，英国地质学家和古生物学家威廉·巴克兰德描述了一块庞大的下颌骨化石，这块化石明显属于一只肉食性动物。巴克兰德猜测这可能是某种已经绝种的蜥蜴或两栖动物的遗骸，并将其命名为斑龙。巴克兰德并不知道，他已经科学描述了第一种化石恐龙（“恐龙” 这个术语要在几十年后才被创造出来）。尽管在英国，翼龙和海生爬行动物的化石已经引起了古生物学家们的兴趣，但当时人们对于恐龙的外貌还没有真正的概念。

因此，巴克兰德只能根据他所知道的这个生物的部分骨骼来尝试还原斑龙的外貌，他将其想象成一种大约有大象大小的四足蜥蜴。然而，这只是围绕巨蜥属名的众多误解之一，这些误解在很长一段时间内一直伴随这个属名存在着。

由于这是首次发现的一种掠食恐龙化石，后来人们也将许多零星的牙齿或骨骼化石归类为斑龙。这也与人们最初对于恐龙的本质以及它们种类的多样性认识不准确有关。因此，斑龙成了一种“垃圾桶分类”（英语中的“wastebasket taxon”）属名，而后来的科学家们需要解开 19 世纪围绕这个属名产生的混乱局面。然而，斑龙在被正式描述前就已经引发了许多误解。它不仅是第一个被科学描述的恐龙，也是第一个出现在自然科学著作中的恐龙化石图像的主角。在 1677 年，牛津大学的教授罗伯特·普洛特记录下了一块大腿骨下部的碎片。在排除了大象的可能性后，普洛特猜测这可能是一个巨人的大腿骨。1735 年，伟大的瑞典科学家卡尔·林奈发表了他的著作《自然体系》，为物种的科学描述奠定了基础（一直到 1768 年，卡尔·林奈不断地对其进行扩展，共经历了十二版）。他设计了一个系统，为每个新描述的生物种类赋予了两个名称，一个是属名，另一个是种名[例如，霸王龙（*Tyrannosaurus rex*），*Tyrannosaurus* 是属名，*rex* 是种名]。因此，卡尔·林奈被誉为生物学命名法的奠基人，也就是对生物和化石物种进行命名的创始人。1763 年，英国医生理查德·布鲁克斯在他的博物学著作中采用了这种分类方法。他使用了普洛特约 100 年前曾将其解释为巨人大腿骨碎片的图像，并根据林奈的命名法赋予了它一个拉丁双名。为了理解这种命名方式，让我们简要了解一下化石的解剖学。请尝试轻触你膝盖位置的左右两侧。你应该会感觉到有两个轻微凸起的地方。这是两个圆形凸起，即所谓的关节软骨或髌骨凸起。它们稍微向两侧突出，并向上延伸至股骨干部。在斑龙身上，这些髌骨凸起非常明显，而普洛特和布鲁克斯所描述的部分正好在髓干的接合处断裂。这使得布鲁克斯在为这块化石取一个生物学名称时产生了一个不寻常的联想。他将其命名为"Scrotum humanum"，意思是"人类的阴囊"。他没有进一步探讨这个不寻常的命名，我们也不认为布鲁克斯真的认为这是一个阴囊化石。他可能只是想表达其表面的相似性。

第一个被描述的恐龙化石早些时候曾经被视为巨人的一部分，然后在稍后的一本书中再次出现，并以科学术语被命名为"人类的阴囊"。这可能听起来很有趣，但实际上这仅仅是科学上的一则奇闻趣事吗？不，不全是。在涉及科学物种名称时有一个非常重要的规则，为了避免同一物种反复以不同名称描述的情况，人们制订了一个规则，在存在多个同义词的情况下，最早的名称被视为有效。

正如前面提到的，理查德·巴克兰德于 1824 年对一块下颌骨进行了描述，给它起名叫"斑龙"（顺便说一句，这只是该生物的一个名称，该物种的正式学名在几年后才被确定）。然而，这个时间距离布鲁克斯为同一物种的另一化石取名为“人类的阴囊”已经过去了整整 61 年。恐龙的第一个科学命名实际上是“人类的阴囊”。

生物学命名法有一项特殊规则，如果旧名称在发布后再也没有被使用过，那么可以优先使用较新的名称。这个特殊规则，再加上化石碎片已经失踪，无法对原始绘图进行科学审查，以及对于布鲁克斯的命名是用作物种名称还是仅仅作为图像标题存在疑虑，导致如今“人类的阴囊”不再被认为是一种有效的物种名称，而第一个被科学描述的恐龙正式拥有了一个更加庄严的名字——“巴氏斑龙”（*Megalosaurus bucklandii*）（也称作“巴克兰德巨蜥”）。

肉食性恐龙——一个具有误导性的术语

当我们听到肉食性恐龙这个词时，可能首先会想到霸王龙、异特龙（*Allosaurus*）或斑龙这样巨大威猛的恐龙。大部分肉食性恐龙属于兽脚亚目，它们是所有恐龙中最多样化的一个群体，其大小和形态各异，与其名称所暗示的不同，它们中的绝大多数并不以肉食为生。兽脚亚目恐龙有一个共同点，就是它们都用两只后腿行走，不过也有一个例外。

在三叠纪时期，兽脚亚目恐龙的早期代表者通常具有较小的体形，比如在“生命之树”一章中提到的始盗龙。它们主要捕食小型脊椎动物和昆虫，通常头部较小，颚骨较大，与它们后来的一些亲戚相比，它们的颅骨没有那么厚重。但在三叠纪时期，也有一些恐龙体形较大，比如阿根廷的埃雷拉龙（*Herrerasaurus*），身长可达 6

米，肩高与成年男子相当，体重与灰熊差不多。在侏罗纪时期，许多兽脚亚目恐龙的体形明显增大。当你观察兽脚亚目恐龙的头骨时，请注意其中有许多可见的孔洞，通常位于不受咬合力作用的部位，使头骨更轻便。这种特征在大型兽脚亚目恐龙，如异特龙或白垩纪的霸王龙等体形更大的物种中尤为明显，因为它们捕食较大的猎物，所以需要强健但不太沉重的头骨。

但有趣的是，当我们谈论最大的肉食性恐龙时，排在首位的不是著名的霸王龙。这个头衔被授给了一个非常不寻常的兽脚亚目恐龙——棘龙，如果你看过电影《侏罗纪公园 3》的话，应该有所了解。棘龙的身长约 15 米，不仅比霸王龙大，还可能比它更重。它的长嘴巴、类似鳄鱼的强壮尾巴和巨大的背鳍让它不太符合典型的兽脚亚目恐龙的形象。此外，有研究表明，它可能是四足行走动物，并且可能像鳄鱼一样生活在半水生环境中，这使它成为最不寻常的兽脚亚目之一。它的许多特定特征长期以来一直困扰着古生物学家：在 20 世纪初，第一具完整的棘龙骨架在今天的埃及被发现，然而，它在 1944 年第二次世界大战期间一次对慕尼黑的空袭中被摧毁。直到最近的发现才支持已存在的有关棘龙与鳄鱼的生活方式类似的猜测。但尽管拥有所有这些特点，棘龙在远古恐龙中仍然不是最奇特的。在白垩纪末期，兽脚亚目恐龙中两个不同的支系分别独立演化成了食草动物（可以说是远古的素食恐龙）。这两个支系的特点是都有着细长的脖子和小巧的头颅。与蜥脚类恐龙不同，它们保持了两足行走的生活方式。它们最引人注目的特征是强壮的前肢，其中最大的代表是恐手龙（*Deinocheirus*）和镰刀龙（*Therizinosaurus*），它们的前肢长度超过 2 米，并且有着巨大且令人印象深刻的爪子，镰刀龙的爪子甚至有近 1 米长。

如果你现在想知道为什么草食性恐龙需要如此巨大的爪子，我可以给出以下一些可能的原因：最有可能的是，这些巨大的爪子有助于它们获取食物，例如可以用来抓住并拉下树枝。此外，在与仍然坚守肉食习惯的亲戚相遇时，这些巨大的爪子可能为它们提供一种有效的“谈判基础”。

除了素食主义，中生代的掠食性恐龙可能还有其他不寻常的饮食习惯。似鸡龙（*Gallimimus*）是兽脚亚目恐龙的代表，这是一种高约 2 米、长达 6 米的恐龙，由于其喙状的嘴巴且没有牙齿，长期以来一直备受关注。2001 年，科学家描述了一个保存完好的标本，该标本的口腔中有薄片状的软组织。这些软组织类似于鸭子用来从水中过滤小生物的筛状结构。由于似鸡龙经常出现在湿地沉积物中，研究人员推测，似鸡龙可能会从水中过滤食物。然而，也有一些科学家对这一解释提出了异议：一个如此巨大的动物每天需要过滤多少水才能维持生存。为了弄清似鸡龙是否以“海鲜”或植物为食，我们还需要等待更多的发现。

恐龙（仍然）存在于我们周围

索伦霍芬是位于纽伦堡市和慕尼黑市之间的一个小镇。这个小镇因出产索伦霍芬石灰岩而闻名，甚至在古罗马时期，这种石灰岩就被小规模地开采过。在中世纪末，它开始被大规模开采，用作墙壁和地板。在 18 世纪 和 19 世纪，索伦霍芬石灰岩因其在石版印刷中的应用而变得格外重要。

19 世纪初期，无数石灰岩中保存完好的化石得以被描述。这些石灰岩是在与外界隔绝的潟湖中形成的，这些潟湖因蒸发强烈，导致水体缺氧、高温和高盐分，对困在其中的生物来说非常不适。因此，在索伦霍芬地区，我们经常会发现一些遗迹化石，从这些遗迹中仍然能找到制造者的身影，比如鲎。有时甚至可以观察到这些遗迹制造者的身体在最后变得摇摇晃晃和不协调。波恩大学的一位教授在他的讲座中常常提到这些罕见的足迹和动物的奇特组合，他说："通过标本，你可以看到这个动物在死前的瞬间还在活动。"

由于索伦霍芬地区特殊的保存环境，我们可以在化石中相对频繁地观察到这种罕见的现象。除了海洋生物，我们在索伦霍芬地区的地层中还可以发现一些陆地生物，如翼龙或小型猎食恐龙美颌龙（*Compsognathus*）。索伦霍芬地区作为了解中生代的窗口，在 19 世纪中叶被古生物学家所熟知。

德国的古脊椎动物学家赫尔曼·冯·迈耶描述了一块来自索伦霍芬石灰岩的化石，他将其命名为始祖鸟。然而，始祖鸟的骨骼似乎与现代鸟类不同，而是更容易让人联想到小型掠食性恐龙。始祖鸟拥有牙齿和三只爪子、完全发育的手臂（你可以拿餐桌上啃剩下的鸡翅作一下比较）。此外，它还有一根长长的尾椎和典型的蜥臀目恐龙的骨盆。始祖鸟也展现鸟类的特征，包括有羽毛和与肩胛骨融合的叉骨（这是鸟类的一个骨头……我真的建议你快用科学的好奇心吃一只烤鸡）以及典型的向后弯曲的鸟类脚爪。因此，对科学家来说，始祖鸟既是鸟类又是恐龙，这取决于观察的角度。始

始祖鸟是第一个被发现具有羽毛痕迹的恐龙化石。这种鸟类和恐龙特征的结合启发了古生物学家，使他们意识到鸟类实际上是恐龙的一种。现在已经发现了大量其他拥有羽毛的肉食性恐龙。关于始祖鸟的飞行能力，以及它主要是飞翔还是滑翔的问题，目前仍然是人们研究的课题之一。

祖鸟之所以如此重要，是因为它作为将两个演化线的旧特征和新特征结合起来的过渡物种，为达尔文物种演化的理论提供了有力支持。

除了始祖鸟，还有许多具有恐龙特征的原始鸟类。许多掠食性恐龙，特别是鸟类的近亲驰龙属（包括迅猛龙），都被认为拥有鸟类的特征结构——羽毛。实际上，羽毛并不是鸟类为了主动飞行而演化出来的，它们在更早的恐龙时期就已经出现了。目前，古生物学领域仍在讨论羽毛是在恐龙演化的早期阶段之后的过程中逐渐形成的问题。当然，肉食性恐龙确实拥有各种类型的羽毛，从覆盖身体的细细绒毛到前肢上较长的“真正”羽毛。有些肉食性恐龙，尽管不算是鸟类，也能够在空中滑翔。甚至一些与鸟类关系密切的肉食性恐龙，如中国的长羽盗龙（*Changyuraptor*），可能独立演化出了通过前肢和后肢的羽毛实现主动飞行的能力。由于存在大量的过渡形态，如今已经很难准确划定鸟类和传统恐龙之间的界限。

对于“什么是鸟类，什么是恐龙”的问题，最简单的答案是：“鸟类就是恐龙。”这一说法在科学上得到了上文提到的过渡形态的支持，因为鸟类实际上只是肉食性恐龙家族中的一个分支。因此，下次你可以毫不犹豫地跟人打赌，恐龙其实从未灭绝过。

你现在是否有点困惑？对你来说，鸟类是恐龙的后代可能不是什么新鲜事，但是关于“恐龙并没有完全灭绝”这个观点可能还需要一些解释。在科学分类学中，较大的分类群通常以其共同祖先的节点来命名。你可以想象一棵大树上的一根大树枝，它从树干分叉，然后在几个交汇点继续分叉，随着每次分叉，新的谱系开始，然后进一步分叉，以此类推。现在，让我们这样来理解：树枝的起点代表了最早的恐龙，所有其他恐龙都是从它们的后代演化而来的。生物谱系树上所有不是来自这根大树枝的部分都不是恐龙。在我们的例子中，这个树枝很早就分成了鸟臀目恐龙和蜥臀目恐龙两大类。蜥臀目恐龙进一步分化为肉食性恐龙和蜥脚类恐龙。肉食性恐龙再次分成更多的亚类，在肉食性恐龙的分支上，有一个分支代表了鸟类。到这里，我们就不再用树枝来进行比喻了，因为由于鸟类的多样性，它们本身就构成了一个庞大的分支。然而，这并不改变它们源自恐龙，并属于恐龙这一事实。因此，如果我们想要在不考虑鸟类的情况下使用“恐龙”这个词，那么必须将一个分支拆分出去。然而，科学界通常会避免这样做，因为科学家们更愿意考虑自然的分类群体，而不愿意“人为”地进行划分，因为这种划分在本质上是主观的，并且过于特定。因此，当科学家在学术期刊或会议上谈论“典型的”恐龙时，他们会使用“non-avian dinosaurs”这个术语，意思是“非鸟类恐龙”。这尽管听起来有些复杂，但有助于避免混淆。

因此，从古生物学的角度来看，鸟类通常会被作为研究已灭绝恐龙的比较对象。这在我们试图了解有关肉食性恐龙的信息时尤为重要。在美国的一项研究中，科学家改变了鸡的重心：他们给鸡戴上了一根人造尾巴，形状与我们常在卫生间里看到的马桶搋子相似。研究结果表明，这改变了鸟类后肢的位置，使其更接近那些仍然拥有长尾巴的陆地肉食性恐龙的后肢姿态。还有其他一些研究项目致力于探讨通过基因重组是否可能使鸡再次更加接近其已经灭绝的亲戚。请不要大声呼喊:“这在《侏罗纪公园》中已经失败过了!”这些研究并不是为了创造怪物(尽管这可能会是一个有趣的副产品)。相反，它们旨在更深入地理解恐龙在演化成现代鸟类的过程中经历的遗传变化。

现在，我们知道了，鸟类实际上就是恐龙，那么我们终于可以解决一个著名的问题了:“究竟是先有鸡还是先有蛋?”事实上，能够产卵的动物早在鸟类之前就已经存在，它们明显比鸟类出现得更早。鸟类可以说只是继承了下蛋的特性。最早的爬行动物的卵化石证据甚至比最早的恐龙还要古老。

为什么会有羽毛

在阅读上一节内容的过程中，你可能会想知道，为什么在鸟类出现之前就已经存在羽毛。毫无疑问，演化并非有预见性的规划。如果我现在请你从衣柜里拿出冬季衣物，你会发现什么?羽绒服、一件保暖的皮夹克或皮草大衣?无论是哪种，你的衣服肯定满足了一些标准。首先，它们会保暖。此外，它们有可能在一定程度上时尚美观。也许你更注重自己的时尚外表，甚至愿意为可以穿上你最喜欢的外套而忍受寒冷。这不是什么需要感到羞愧的事情，因为很多动物为了吸引潜在的伴侣也会忍受一些不便。

孔雀华丽的羽毛和鹿每年都要脱皮换新的鹿角都只是这种现象的冰山一角。但不管你如何选择，你一定不愿意挨冻，但又希望自己看起来更漂亮!在这一点上，你与一般的恐龙有一些相似之处，

作为“非鸟类恐龙”中最知名的代表，霸王龙生活在白垩纪末期的北美洲。目前，科学界对于霸王龙是否拥有羽毛存在争议。羽毛的保温作用可能最多只对幼年个体起作用，求偶的效用也许是霸王龙可能拥有羽毛的原因之一。霸王龙长羽毛最有力的证据还是来自其近亲的化石，人们在这些化石上发现了羽毛的痕迹。

如今，大多数古生物学家普遍认为，霸王龙在一生中，至少会阶段性地在身体某些部位长出羽毛。

只是恐龙不能像我们一样可以轻松地从衣柜中挑选衣物，它们必须用其他方式解决这个问题。

让我们从御寒的角度来看这一点。想象一下小型肉食性恐龙的骨架，然后在你的想象中为它填充上软组织和皮肤，直到你看到一只栩栩如生的生物（有无羽毛暂且不论）。当这个生物依靠后肢站立，歪着头看着你，然后迈出几步靠近你时，它会是什么样子？相当灵活，是吗？无论你如何想象细节，在你的脑海中，它的动作都不太可能像疲惫的鬣蜥，而是更可能像一只在地上寻找食物的大鸟鸫。而这个图像与科学发现是相符的。小型肉食性恐龙的骨骼非常轻盈，与飞行恐龙和鸟类相似，都有充满气囊的肺部结构。这表明它们的生活方式可能非常活跃。此外，对这些恐龙骨骼生长的研究也得出了以下结论：小型肉食性恐龙的生长速度和整体代谢方式与今天的温血动物，如鸟类或哺乳动物非常相似，与冷血爬行动物有明显的不同。为了进行这些研究，古生物学家通常会从恐龙骨骼中切下极薄的切片，然后在显微镜下观察其生长环，这些环与树木的年轮相似。这样可以很好地确定这些古生物的生长速度和活动程度，因为快速的生长通常需要高代谢率。值得一提的是，进行这类研究的同事们在博物馆馆长和藏品管理员中非常受欢迎："请问，我们能锯开你们的恐龙骨头吗？"

无论外部温度如何，活跃的生活方式都具有许多优点，但也存在一些缺点。其中最大的缺点是身体必须不断产生热量以维持核心体温。这在小型动物中尤为明显，因为相较于体积，它们拥有更大的表面积。因此，发展成为恒温动物通常需要同时发展适当的保

翼龙虽然与恐龙有亲缘关系，但并不属于恐龙的范畴。这张图片展示的是在索伦霍芬石灰岩中被发现的掘颌龙（*Scaphognathus*）化石，目前收藏于波恩大学戈尔德福斯博物馆。根据这个化石上的微小印记，古生物学家格奥尔格·奥古斯特·戈尔德福斯在1831年首次证实了翼龙类动物具有一种类似“皮毛”的结构。

温结构。羽毛与毛皮一样，最初可能是为保温演化而来的，这一观点得到了支持，因为最早的恐龙羽毛由于其形状明显并不适合飞行。在与恐龙有亲缘关系的翼龙身上也发现了类似的结构，它们拥有一种由纤维构成的“皮毛”，覆盖了腹部、背部和颈部，因此可以说翼龙可能相当柔软。

目前，研究人员面临着一个有趣的问题：羽毛或其前身是在何时演化出来的？有可能，翼龙和恐龙的共同祖先已经拥有一种身体覆盖物，然后在某些分支中逐渐减少。支持这一观点的证据之一是一些角龙，如鹦鹉嘴龙（*Psittacosaurus*）的尾部具有与肉食性恐龙的原始羽毛非常相似的结构。然而，由于我们对早期恐龙软组织化石的发现还相对较少，目前尚无法确定这一假设。同样可能的是，由于其活跃的生活方式，翼龙和恐龙可能独立地发展出了一种保温体（趋同演化），因此真正的羽毛只存在于兽脚亚目动物中。我们知道，在兽脚亚目恐龙中，一些分支，如食肉牛龙（*Carnotaurus*），并没有羽毛。这些羽毛可能在演化过程中次生退化或尚未形成。最保守的假设是，羽毛大约是在肉食性恐龙演化谱系的中期阶段发展起来的。这是三种可能性中最晚的一种，而且我们在化石记录中有直接的证据。在肉食性恐龙中，有一个支系称为虚骨龙类，它不仅包括鸟类，还包括小型肉食性恐龙，如迅猛龙；植食性恐龙，如前面提到过的镰刀龙；以及霸王龙及其近亲。人们发现，这个演化谱系中的许多代表物种都拥有各种类型的羽毛，从简单的保温型羽毛到复杂的翼状羽毛。

在羽毛成为滑翔和主动飞行的工具之前，它们的功能与你的衣服类似——吸引注意力。现代鸟类经常利用色彩鲜艳的羽毛来吸引异性。但是，如何确定这一点也适用于已经灭绝的肉食性恐龙呢？一方面，亲缘关系提供了帮助，迅猛龙或恐爪龙（*Deinonychus*）等恐龙是鸟类的近亲，因此，基本上可以确定它们也拥有彩色的羽毛。另一方面，化石提供了更直接的证据，很多驰龙科恐龙（这是指最接近鸟类的恐龙分支，也包括迅猛龙）展示的不仅仅是身体上的羽毛，还有手臂上类似于翼羽的长羽毛。根据这些动物的解剖结构和羽毛的一些细节，可以确定它们无法用于飞行。那么，如果一个动物不能飞行，它的身体上为什么会显露出大片的羽毛呢？是的，用于吸引异性。就像孔雀的尾羽和你衣服上的装饰一样，这些羽毛用于炫耀："嘿，瞧啊！看我的基因多出色！"因此，可以间接推断这些羽毛可能非常艳丽多彩。类似的结构在一些更大的更原始的捕食性恐龙身上也能找到，虽然它们身上可能并没有完全长满羽毛。

有时，它们眼睛上方或鼻子上会有小角或凸起，这些结构可能不仅用于与竞争对手争斗，还用于炫耀自己。

除了兽脚亚目恐龙，大型的草食性角龙类恐龙（它们属于鸟臀目恐龙）的角贝现在也更多地被视为展示器官，而非主要用于自卫。关于三角龙（*Triceratops*）是否使用其角贝进行自卫的研究来自材料科学领域，结果表明这些角贝在实际战斗中可能并不足够坚固。在过去的几十年里，这些发现已经使得专业书籍中恐龙的颜色更加多彩。

为什么有这么多的恐龙化石来自美国

如果请说出任意一种你听说过的恐龙，那么你听说过的这种恐龙很可能是在美国被发现的。那么，为什么有这么多恐龙化石来自美国呢？其中一个原因我们已经了解过了，科普与马什之间的“骨头大战”可以看作是古生物学领域的一场淘金热，并且与他们所描述的恐龙化石一起对公众的认知产生了深刻的影响。这一时期处于古生物学的早期阶段，当时的古生物科考工作主要集中在欧洲和美国，而在世界其他地区的发掘就相对较少。然而，除了马什和科普之间的激烈竞争，还有一个更具实际意义的原因，解释了为什么与欧洲相比，美国拥有如此众多的恐龙化石，那就是古地理学。大家可能经常听说海平面上升的威胁，以及其对荷兰等国家的影响。但在侏罗纪和白垩纪时期，这种情况并不仅仅发生在荷兰，几乎整个欧洲都受到了“海平面上升”的影响。除了更高的海平面，非洲板块尚未与欧洲板块发生碰撞，整个欧洲都处于更低的位置。因此，整个中欧地区，除了一些大小岛屿，几乎全部被水淹没。相比之下，现今美国的绝大多数土地在中生代时期就是陆地。这导致我们在欧洲发现了许多神奇的海生爬行动物以及其他海洋生物，例如菊石、贝类和腕足动物。腕足动物常常被误认为是贝类，但实际上它们并不是。如果你偶然发现一个“贝壳”化石，请检查它的壳体是否具有精确的对称性，或者对称面是否垂直穿过两个壳体，也就是说，两枚壳瓣是否相同，或者上壳和下壳的大小是否不同。如果两枚壳瓣不相同，那这就是腕足动物，而非贝类。因此，恐龙作为陆地生物，最多只能在欧洲的近海沉积物（例如索伦霍芬石灰岩）或欧洲为数不多的大陆沉积物中找到。此外，从古生物学的角度看，欧洲的现代气候对于保存恐龙化石来说相对不利。即使存在潜在的地层，但上面很可能还覆盖着茂密的树林。美国的地理面积大，拥有大片植被稀疏的地区。总的来说，美国的地质条件对于保存恐龙化石来说相当有利。

但竞争却没有停歇！在 19 世纪和 20 世纪初，全面的古生物学研究主要集中在欧洲和北美洲，而在世界其他地方，与考古学相似，往往带有殖民主义的痕迹。然而，在过去的几十年里，这一情况发生了彻底的变化，越来越多的国家开始系统地研究它们的化石资源。

在寻找新的恐龙化石方面，阿根廷和中国早已赶超了美国。两个国家都受益于中生代时期主要沉积的陆地沉积物，以及今天存在大片植被稀疏的地区。此外，还有一些因素推动了这一趋势，比如对原材料的高需求，以及尤其是中国的经济增长，进一步提高了发现化石的机会。

德国的恐龙

现在我们把注意力拉回到德国。在德国，哪里能够发现恐龙化石呢？如果你希望能在这里找到恐龙，那么我建议你最好更多关注一下海洋生物，如珊瑚、贝壳和菊石，而不是恐龙。像我们前面说过的，由于中欧在中生代时期有大量的海洋沉积物，因此，你能够在这个领域获得成功的机会还是很高的，到了晚上不必两手空空，沮丧地回家。尽管在德国也发现过恐龙化石，但其中许多种类都是部分骨架或单独骨骼的独特发现，因此通常被称为“幸运的发现”。为了避免冗长的列表，我想重点介绍一些特殊的发现。最引人注目的恐龙化石来自前面提到的德国南部的石灰岩地区。在这里，最完整的两块恐龙化石可能是在巴伐利亚州发现的侏罗猎龙（*Juravenator*）和似松鼠龙（*Sciurumimus*）。后者属于肉食性恐龙，其尾部有原始羽毛。另一个较早的发现是来自巴伐利亚的板龙（*Plateosaurus*）化石，它首次在纽伦堡附近的三叠纪沉积物中被发现（后来在德国和欧洲的其他地方也发现了更多的化石），被认为是蜥脚类恐龙的祖先。与其一些庞大的亲戚不同，尽管板龙体形巨大，高达 10 米，重达 4 吨，但它仍然用后肢行走。

一些来自下萨克森州的化石发现也受到了科学界的极大关注。在那里，人们发现了一些较小的欧罗巴龙蜥脚类恐龙化石（最大长度可达 8 米），最初人们认为它们是幼年个体，然而，对骨骼的研究显示，这些恐龙已经成年。这一发现十分令人惊讶，因为它们最近的亲戚——巨大的腕龙（*Brachiosaurus*），曾经是史上最大的蜥脚类恐龙之一。在一个本来已经显示出体形逐渐增大趋势的恐龙类群中，为什么会出现这样的小矮子？

欧罗巴龙身材缩小的原因可以追溯到它们的栖息地。它们生活的地方不同于它们的大型亲戚，而是分布在侏罗纪海洋中崛起的一个或多个岛屿上。当第一批蜥脚类恐龙抵达这些岛屿时，随着海平面的升高，它们与大陆上的种群隔绝开来。 这个新的生活环境对这些动物提出了截然不同的挑战。因为岛上没有天敌，巨大的体形便不再必要。相反，岛上有限的食物资源导致了大型生物的生存概率急剧下降，而对小型生物的影响则相对较小。这一现象称为“岛屿矮态”，今天我们仍然可以观察到这一现象。由于食物稀缺和没有天敌，岛上生物的平均体形在相对短的时间内会显著缩小。有趣的是，在这些岛屿种群中，我们还可以观察到体形迅速增大的现象。例如在今天的意大利发现的大约1000万年前的刺猬恐毛猬（*Deinogalerix*），其头骨长约20厘米，体重达10千克，看起来更像是服用了类固醇的梗犬，而不是它们生活在大陆上的可爱亲戚。侏儒化使欧罗巴龙在大陆之外得以生存，但这也可能是导致它们灭绝的原因。因为在同一采石场的更年轻地层中，再也没有发现欧罗巴龙的化石，但发现了大型肉食性恐龙的足迹。有一种假说认为，海平面的波动可能促使大型肉食性动物进行迁徙，随后它们便在小型侏儒蜥脚类恐龙中找到容易捕食的目标。

值得一提的是，在德国，恐龙足迹也是一种重要的恐龙化石。除大型肉食性恐龙的足迹外，德国北部还发现了侏罗纪恐龙的足迹，包括蜥脚类和类似迅猛龙的小型、敏捷的肉食性恐龙足迹。此外，弗兰肯和巴登—符腾堡地区还发现了三叠纪早期肉食性恐龙的足迹。除了骨骼和足迹，还能在许多不同的地点发现单独的牙齿和较小的骨骼化石，这些化石通常被冲刷到所谓的“骨床”中。这些散落的部分一般难以精确归类。总的来说，德国的恐龙化石发现通常都是一些特殊的幸运事件，而且它们常常出现在海洋沉积物中，尽管它们在那里属于罕见的例外。

板龙是中欧最常见的恐龙之一，它属于原始蜥脚类恐龙。与更年轻、体形更大的长颈蜥脚类恐龙不同，板龙的特点是，尽管它的体形已经高达10米，但仍然用两只后腿行走。

这里展示的化石是保存最完整的标本，目前在瑞士弗里克恐龙博物馆展出。

真正实现《侏罗纪公园》的可能性有多大

1990年，美国作家迈克尔·克莱顿出版了《侏罗纪公园》(德语版被命名为《恐龙公园》)。三年后，同名电影也随之上映。这个故事探讨了20世纪90年代基因工程的可能性。故事中，研究人员成功地从保存在琥珀中的蚊子体内提取了数百万年前的恐龙血液，通过这种方式获取了恐龙的DNA，然后用它们克隆出恐龙，但随后这些恐龙逃脱了控制。在电影《侏罗纪公园》中，尽管有一部分主要角色成了恐龙的猎物，但勇敢的古生物学家们最终帮大家成功地摆脱了这场危机。

这部电影由史蒂文·斯皮尔伯格执导，其故事引发了一股新的恐龙热潮。这种热潮不仅仅局限于儿童，还在科学界留下了痕迹。实际上，早在20世纪80年代，人们就已经开始研究从已灭绝生物的遗骸中提取DNA的概念。然而，大多数早期研究集中在最近几十年或几个世纪内灭绝的动物身上。直到20世纪90年代初期，越来越多的研究团队开始尝试从化石中提取更古老的DNA，这一趋势除了得益于遗传学方面的进步，可能也受到了《侏罗纪公园》这部电影的启发。一些研究报告声称，他们成功从琥珀中提取了DNA，还有报告称，他们从8000万年前的恐龙骨骼中提取了DNA。虚构的《侏罗纪公园》概念似乎逐渐走向现实。但科学的好处在于，它是一个自我校正的体系。当出现错误时，这些错误最终会被察觉并纠正。这些错误通常被称为污染。那些最初被认为是古代DNA碎片的惊人发现，后来逐渐被证明其实是实验室中的污染。需要注意的是，当时基因研究还处于初期阶段，因此许多问题只能在实际应用中逐渐被发现。顺便提一下，这也是德国南部警方的一次经历。在 2007 年至 2009 年期间，他们在不同的案发现场一次又一次地找到了一位不知名女性的 DNA 基因图谱，人们曾一度认为这是一名在全国范围内作案的超级罪犯。而最终结果表明，这些 DNA 来自被污染的棉签，而所谓的超级罪犯实际上只是供应商的一名无害包装工。然而，问题仍然存在，“侏罗纪公园”是否可能在某一天变成现实？如果会的话，当恐龙逃脱时，我们应该怎么办？

无论如何，克莱顿小说中的那种公园是不可能实现的。在前面的章节中，我已经提到过，琥珀内部通常是空心的，远不如外表看起来那样密封。更麻烦的是，你首先需要找到一处中生代的琥珀矿床。虽然确实有一些这样的发现，但大多数并不属于那些仍然保留有生物物质的珍稀琥珀矿床。

因此，琥珀并不合适保存 DNA，尤其是宿主动物的血液。总体而言，DNA 的保存是一个难题。根据当前的知识，DNA 并不十分稳定，从地质时间尺度来看，其会在相对短的时间内分解。数十万年后，要从化石中提取可用的 DNA 就会变得相当困难。有些有利的条件，如永久冻土，可以帮助延长 DNA 的稳定时间。然而，即便如此，我们离克隆恐龙的愿望仍然相去甚远，因为在地质历史的大部分时间里，即使是极地地区也没有结冰，而现代的永久冻土（例如西伯利亚）是相对较新的现象。

暂且不考虑不稳定的 DNA 问题，假设我们已经找到了恐龙的 DNA。这时，问题才开始真正变得复杂。我们发现的古 DNA 很少是完整的，通常会出现 DNA 链中的缺口。在克莱顿的故事中，人们用青蛙的 DNA 填补了这些缺口。然而在现实中，几乎可以确定，人们会采用鸟类的遗传信息来填补这些缺口。而这可能会奏效，也可能不会。因为鸟类在大约 1.6 亿年前与其他恐龙分离开，所以，与电影《侏罗纪公园》中的情节不同，遗传信息的填补可能会失败。在这种情况下，我们并不会创造出一只带翅膀的霸王龙，而实际上只可能是一无所获。但假设问题可以解决，或者确实找到了完整的恐龙基因组，人们还是不可能拥有一只真正的恐龙。你可能知道，我们细胞中的 DNA 不是随意散布的，而是在细胞核内以染色体的形式有序排列。人类除了有 X 和 Y 性染色体，还有其他 22 对染色体，总共 46 条。这些染色体的作用就像文件夹，其中存储了全部的遗传密码。而这个密码在我们身体中由大约 30 亿个碱基对组成，构成了 DNA 的基本组成单元。其中明确定义了这 30 亿个碱基对中的哪一部分位于哪个染色体上，一旦出现混淆，整个系统就无法正常运作。而在我们的霸王龙 DNA 中，现在就出现了一个问题。即使我们拥有数十亿个遗传密码，我们也不知道它们是如何排列在染色体上的。我们甚至不知道一只霸王龙拥有多少染色体，因为这个数量可能因物种不同而存在巨大差异。想象一下，你手上有一段包含 30 亿个字符的文本（与此相比，这本书只有大约 38 万个字符）。而且这段文本还是用一种你无法阅读的语言写成的。你需要为它添加标点和章节，而每一个错误都可能导致整个项目失败。那么，祝你好运！如果这一点你也能够做到，那么我们只需要再有一个合适的卵细胞，就可以克隆一只恐龙啦。

所以，很显然，我们想要真的能参观侏罗纪公园几乎是不可能的。在这个领域，更现实的方案是通过鸟类的基因回交，创造出外观类似于已灭绝恐龙的生物。但对于其他动物来说，情况又是怎样的呢?

在 20 世纪 90 年代中期，那时我还是一个孩子，我在报纸上读到过一篇文章，文章中提到科学家们计划在 2000 年之前克隆一头猛犸象。当时，我非常激动，迫不及待地想亲眼见到一头真正的猛犸象。但 2000 年过去了，猛犸象没有出现。

然后，我又在报纸上读到了一篇文章，宣布科学家计划在 2008 年之前克隆一头猛犸象。然而，等到了2008 年，虽然金融危机来了，但依旧没有猛犸象。接着，我又在网上读到一篇文章，其中提到在几年内将克隆一头猛犸象。可是，那么多年也过去了，我依然在沮丧中等待着我的猛犸象。如今，几乎每隔一段时间就会有消息报道称，韩国、俄罗斯、美国或日本的科学家们正在为克隆猛犸象做准备。即便目前的声明似乎暗示了某种谨慎，我们仍然无法忽视遗传学领域的快速进展，并不禁要问，我们离实现这一目标还有多远。例如，1990—2003 年，人类基因组的第一次测序（解码）工作，首次完全解读了人类的基因组，耗资超过 1 亿美元。而如今，我们可以以不到 1000 美元的价格在极短时间内测序基因组。基因学的知识水平和技术能力可以与处理器的发展相媲美，这些处理器使现代智能手机的性能远远超越了 20 世纪 90 年代摆在办公室里、价格高达 4000 德国马克的个人电脑。除了基因学的进步，获取猛犸象 DNA 的条件也非常有利。现在，我们在西伯利亚的永久冻土层中仍然可以找到被冰冻的猛犸象和其他动物，如毛皮犀牛。有时它们

琥珀是一种树脂化石，其内含物对古生物学非常重要，特别是像昆虫这样的小生物，它们通常很难被保存下来，但在琥珀中，它们的细节通常可以被完美保留下来。这块琥珀化石被收藏在波恩大学戈尔德福斯博物馆中。

保存得非常完好，以至于肉仍然附着在骨头上，甚至可能还有毛皮。有一个传说，称 1951 年在探险者俱乐部（一个位于纽约的私人俱乐部）第 47 届年度晚宴上就提供了猛犸象肉。尽管这个传说经不起仔细验证，但它清楚地表明了，被冰冻的动物可能保存得非常完好。众所周知，冰川融化后，不再被冰雪覆盖的猛犸象遗骸曾遭狼群啃食。在约 4000 年前，距离现在最近的猛犸象在西伯利亚的朗格尔岛上灭绝。而在西伯利亚其他地方的猛犸象在约 12000 年前就已经灭绝，这意味着在埃及建造金字塔时，朗格尔岛上仍有一小群猛犸象存活着。即使没有这些最后的猛犸象，猛犸象的 DNA 保存条件依然非常理想，而且它们的一部分基因组已经被成功测序。因此，研究人员对在不久的将来克隆出猛犸象，并将胚胎孕育在一头母象体内持乐观态度，这并不令人意外。尽管如此，我们仍然需要做好准备，可能一段时间内还要继续在报纸上读到此类文章，因为在从基因组到克隆的过程中还有许多障碍需要克服，迄今为止，还没有最近灭绝的物种成功地被复活过，除了在 2000 年前灭绝的比利牛斯高山羊。经过多次尝试，2009 年终于成功克隆了一只小山羊，但它在出生后几分钟内就死掉了，这使比利牛斯高山羊成为唯一一种灭绝了两次的动物。

重新洗牌

你是否见过一只北极熊站在一块小小浮冰上的图片？这只动物看起来非常瘦弱，可以说是骨瘦嶙峋，它代表了一种生存状况极为堪忧的物种。但除了它在气候变化中的象征意义，这个形象也可以被看作是对整个地球上动物种类迅速消失的警示。现在，你可能会提出反对意见："等一下！物种灭绝并不是什么新鲜事，而且是完全自然的。你们古生物学家应该最清楚这一点！"你说得完全正确，不过我们古生物学家也能够根据化石来估计通常物种灭绝的速率。这些研究表明，目前物种灭绝的速率比地球历史上的平均水平快100~1000倍。我们正在经历一次大规模的物种灭绝，这可能成为地球历史上最大规模的生物灭绝事件之一。

如果你现在感到有些困惑，想知道为什么大规模的生物大灭绝却没有留下一地死去的动物尸体，那么你可能将大规模物种灭绝和大规模死亡搞混了。尽管大规模死亡可能与大规模物种灭绝相关，但情况并非一定如此。从地质学的角度看，大规模物种灭绝可能发生得非常迅速，但当我们置身其中时，我们几乎察觉不到，因为这种变化需要很多代才能完成，物种多样性和个体数量会逐渐减少。如果你是那些认为"北极熊是否存在，与我有什么关系"的人之一，那么你可能忽略了一个重要的问题。尽管我们可以将自己与外界隔离，将大把时间用在互联网上，但作为人类，我们仍然依赖着我们的环境。当生态系统不再发挥作用时，我们将直接感受到严重的后果。如果你更倾向于从经济学的角度思考，持有一种"我死之后，哪管洪水滔天"的态度，那么生物多样性的丧失仍然应该引起你的担忧，因为生物多样性的丧失就意味着遗传信息的丧失。考虑我们今天从自然界获取的许多技术成果（如仿生学，即从自然中汲取的灵感，以及医学领域的生物制剂等），未被充分研究的物种的灭绝对人类来说也构成了巨大的经济损失。一项涵盖了来自不同领域28名专家的国际研究于 2009 年得出结论，即全球生物多样性的丧失与气候变化一起，是我们环境中最重要的问题。不同于其他挑战，生物多样性的丧失是一个紧迫的问题，与气候变化一样值得高度重视。

然而，要更好地理解当前的大规模物种灭绝，我们需要探究类似事件在过去是如何发生的，以及化石记录对我们的启示。大规模物种灭绝是一个定义不太明确的术语，通常指的是在相对较短的地质时间内，全球范围内出现涉及生命之树多个不同支系，比正常情况更多的物种灭绝。随后，受影响的生态系统通常会发生显著变化，此时由于空间的释放，原本稀有的物种会因为空出的位置而变得更加丰富和多样化，或者将出现全新的生物群体。早期的地质学家和古生物学家很早就注意到了这些化石记录中的变化，许多地质年代的划分正是基于这些灭绝事件引起的生态变革确立的。这些变化还可以通过统计分析那些特别常见的化石来加以评估。例如，昆虫在叶片上留下了特征明显的啃食痕迹。通过对在特定地点极为常见的植物化石遗迹上这些啃食痕迹的数量和程度进行分析，可以确定在这些地点，每次大规模灭绝事件前后的昆虫多样性情况。这些方法使我们能够确定大规模灭绝事件对特定生态系统产生了多大的冲击，以及各类生物发生了怎样的变化。总的来说，在大规模灭绝事件（以及“日常”的物种灭绝）中，广义种（比如老鼠或蟑螂）通常比高度专门化的生物有更高的生存机会。

地球历史上已经发生过很多次大规模灭绝事件。其中有五次，通常被称为“五大灭绝事件”，受到了特别的关注。它们通常被认为是地球历史上最大规模的五次灭绝事件，尽管这个说法只在一定程度上正确，因为在地质时间较早的时期，如前面提到的氧气危机时期，已经发生过非常大规模的灭绝事件。

这“五大灭绝事件”中的第一次发生在除早期植物外，生命尚未离开水域的时代。大约 4.45 亿年前，地球在短时间（仅几百万年）内经历了两次物种大灭绝，这两次大灭绝使约 85% 的物种消失。这次大灭绝是地球历史上第二大的大规模灭绝，标志着奥陶纪向志留纪的过渡。尽管有大量物种消失，但生态系统的失衡程度可能没有随后发生的事件那么严重。对于第一次大规模灭绝，最可能的解释是，第一次大规模灭绝事件是由于降温和随之而来的强烈冰川形成所引起的，这一点可以通过那个时期的沉积物来辨认。然而，这种降温事件的持续时间相对较短，因此大约几千万年后，冰川又大幅度消退，海平面再次上升。这两个事件都导致了海洋中的巨大动荡，进而导致许多生态系统崩溃，以及随之而来的物种灭绝。

大约 7500 万年后，也就是在 3.75 亿—3.6 亿年前的晚泥盆世，发生了另一次大规模的物种灭绝事件。这次事件同样以两次相继发生的物种大灭绝为特征，其原因是海平面上升和随后的下降。这些大规模灭绝事件的确切原因尚未完全阐明，很可能有多种因素共同导致了这些事件。但有一个已确认的因素是，与奥陶纪末期类似，海平面的急剧变化扰乱了海洋生态系统的平衡。在这种情况下，海洋中的氧气含量也可能暂时减少。到了泥盆纪末，海洋中的原始甲壳动物已经灭绝，为硬骨鱼类和鲨鱼等生物的出现铺平了道路。同时，最早的两栖动物也受到了影响。虽然许多原始生物灭绝了，但那些前肢和后肢都有五趾的生物幸存了下来。因此，当你用十根手指打字时，不妨想一想，正是在大约 3.6 亿年前，那些勇敢的“两栖动物”顶住了灭绝的压力，使得我们今天能够使用计算机键盘。

然后，大约 2 亿年前，很可能发生了地球历史上规模最大的一次生物大灭绝。这一事件标志着二叠纪和三叠纪之间的界限，也标志着地质年代从古生代过渡到了中生代。英国古生物学家迈克尔·本顿撰写了一本关于这一事件的书，书名为《当生命几乎灭绝》(*When Life Nearly Died*)，很形象地描述了这场灾难的规模。尽管这是一种夸张的修辞，但根据当前的了解，这次二叠纪—三叠纪灭绝事件消失的物种数量超过了以前和以后的任何一次灭绝事件。由于地球上存在多样的生存环境和一些极端条件，因此在地球上完全抹杀生命的情况是不可能发生的。这次大灭绝导致多达 60% 的植物物种消失，大约 70% 的陆地脊椎动物灭绝。而且，这是在地球历史上仅有的一次，昆虫也受到了严重影响。海底下的情况就更加严重了，在短短几十万年内，几乎 80% 的海洋生物消失了。这些影响如此巨大，以至于比起其他大灭绝事件，三叠纪的生态系统需要更长时间来进行恢复。但是，是什么导致了生命接近其极限呢?

这还没有完全搞清楚。目前有多个潜在的触发因素正在科学讨论中，这表明灭绝可能并非单一原因，而是存在多个原因，它们有时还可能相互影响。其中一个也许非常重要的因素是今天的西伯利亚发生了剧烈的火山活动。在二叠纪末期的100万年内，乌拉尔山脉和现今的雅库茨克之间的大片地区被火山岩覆盖。其中，大部分是大规模的玄武岩熔岩，流经大片土地，覆盖了数百万平方千米的区域。它们可以堆积成数千米的“厚度”（地质学家通常称之为“层厚”）。除了大量进入大气并影响环境的颗粒物，大规模喷发的高温玄武岩岩浆也很可能导致温度升高了大约 6 ℃，这是造成生态系统崩溃的一部分原因。

升温还导致了海洋中的甲烷释放，随后作为温室气体产生了进一步的温度影响（这个情景也适用于当前的气候变化讨论）。此时海洋沉积物表明，海洋的酸性变得更强并且缺氧，这可能是完全或部分由火山活动引发的加剧。除了这一系列灾难的连锁效应，有关二叠纪末的陨石撞击也在讨论之中。还有一个可能的因素是，由于火山活动导致的海洋化学变化，产生甲烷的微生物数量急剧增加。进一步的研究将有助于更好地理解各因素以及它们之间的相互作用。

三叠纪时期的生态系统正在慢慢恢复，现在它们有了一些显著的不同，因为许多生物已不存在，新的物种正在逐渐演化并填补它们的生态位，这个过程就像是自然界的一次重新洗牌。

然而，在相对较短的时间内，也就是仅仅 5000 万年后的三叠纪末期，地球却再次遭遇了略逊前一次的灾难，大规模的火山活动再次爆发，并释放了大量甲烷。这些火山活动很可能是由于超级盘古大陆在三叠纪末期开始分裂成今天的大陆而引发的。除了一些海洋生物灭绝，所有陆地上生活的鳄鱼近亲以及许多大型两栖动物都因这次大规模灭绝而被逐出了演化竞赛。然而，一类在三叠纪中期才开始发展壮大，相对年轻的生物在这次巨变中获益匪浅——那就是恐龙。在接下来的侏罗纪时代，达到了它们的鼎盛时期。

还记得 2004 年东南亚袭来的可怕海啸吗? 如果你身处 6600 万年前的墨西哥湾，那么你会觉得 2004 年的海啸根本微不足道。然而，这可能还只是你面临的最小的问题。因为不久之前，一颗直径为 10~15 千米的小行星或彗星撞击了今天的墨西哥尤卡坦半岛。撞击时，释放的能量足以将这颗天体完全蒸发掉，喷发物质分散在大气中，使地球被太阳辐射部分屏蔽。天空并没有变暗，而是变成了红色，温度一直在上升。被抛入大气中的颗粒散发了大量的红外辐射和热量，使那些没有立即找到庇护所的生物在极短时间内丧生。此外，由于强热，发生了全球范围内的森林火灾，大量灰尘升入大气中。这些火灾对那些在洞穴中寻找庇护所的生物也是致命的，因为这夺走了它们的氧气供应。总的来说，那些体形较小且生活在水中的生物在撞击后处于较有利的位置，因为它们更容易找到庇护所。撞击后的那段时间，那些幸存下来的植物和动物也经历了非常艰难的时期。只有很少的阳光透过大气层照射下来，植物生长受到了严重限制。除了撞击事件，还发生了大规模的火山活动，人们经常争论，灭绝是不是更多要归因于这些巨大的火山活动。虽然这些玄武岩的体积没有二叠纪末期西伯利亚地区的沉积物那样巨大，但它们仍然具有异常庞大的规模。多数科学家更倾向于撞击假说，因为可以将撞击事件的时间与大规模物种迅速消失的时间相互关联起来。

也许你现在会问，如何能够如此精确地测定发生在 6600 万年前的事件时间——就像那些物种同时灭绝的时间一样。如何在全球范围内的岩石中找到一个非常短暂的地球历史时刻呢?

这就得益于宇宙中的幸运巧合对研究人员的帮助了。在白垩纪末期的沉积物中，可以检测到铱浓度非常高的特定层。铱在地球上很罕见（如果你考虑制作一种独特的珠宝首饰，那么铱比金要稀有大约 40 倍)，但它在小行星中的含量却相对丰富。铱异常地层之上的是年代较近的沉积岩层，在这些沉积岩层中不再能够发现特定的化石。这一情况可以在全球范围内得到验证。这明显表明了这是突发事件的假设，而不是像火山活动那样持续时间较长的物种大规模灭绝。此外，最新的研究还表明，这次撞击可能引发了今天印度地区的火山活动。至于化石，可以看到在白垩纪末期，所有非鸟类恐龙都灭绝了；几乎所有其他大型生物类群也失去了多种物种。陆地植物受到了影响，而海洋中的生物多样性减少了 50%。在这些变化中，消失的生物包括菊石和与蛇有亲缘关系的蜥蜴类动物，这些软体大型海生爬行动物一直统治着白垩纪时期的海洋。通过与北美和世界其他地区发现的类似化石进行比较，可以说，由于靠近灾难地点，新大陆的撞击后果可能更加严重。因此，白垩纪的终结不仅标志着大规模的物种灭绝，还有大规模的生物死亡。

这意味着一个在阴影下默默生存了大约 1.4 亿年的群体现在终于可以开始占领恐龙主导的生存空间了——它们就是哺乳动物。

在恐龙的阴影下

大约 2.05 亿年前的晚三叠世时期，恐龙已经在陆地上确立了统治地位，并逐渐演化出更大的形态。它们在冈瓦纳和劳拉西亚大陆都留下了足迹。

然而，在今天的法国境内，有一种小动物在夜幕的掩护下悄悄地穿梭往来，它并非一只恐龙。2.05 亿年后，这种被命名为摩尔根兽（*Morganucodon*）的动物化石首次在英格兰被发现，随后在世界各地都有发现。这种生活在恐龙阴影下的小动物的体形很小，大约和一只老鼠差不多大。然而，与现代小型哺乳动物不同的是，它的四肢张开并远离身体，类似于蜥蜴或鳄鱼。然而，与爬行动物不同的是，它拥有皮毛，并积极地寻找小昆虫作为食物。它是曾经多样化的合弓纲动物中少数幸存下来的后代之一，合弓纲在大约 2.5 亿年前二叠纪末期的大灭绝之前一直蓬勃发展。这些所谓的似哺乳爬行动物（实际上根本不是爬行动物）在真正的哺乳动物出现之前就表现出了积极的、温血动物生活方式的早期迹象。然而，在二叠纪末大灭绝时，合弓纲的大多数支系都灭绝了，而一些幸存者则开始躲避庞大的爬行动物。在这个过程中，它们逐渐发展出一些独有的特征，这些特征在 2.05 亿年前的摩尔根兽身上有所体现。它们拥有较高的新陈代谢（即“温血动物”特征），使这些动物能够积极地捕食小昆虫。此外，它们的听觉不断发展，这一点可以从其不断复杂化的内耳结构中看出来。这些适应策略使早期哺乳动物得以在夜间狩猎，同时更好地躲避恐龙。然而，温血动物的演化也伴随着一定的代价，食物变得越加稀缺，它们无法承受消耗掉宝贵的能量，因此，逐渐演化出了一种保护机制，以减少热量的流失。这一演化压力在某些恐龙中促进了羽毛的发展，而在哺乳动物中则推动了毛发的形成。因此，我们对待头发的关注，其实源于大约2亿年前，那时我们的远古祖先已经演化出了出色的保暖能力，以适应生存环境。更好的保温能力对于维持温血代谢至关重要，但这需要更多的能量，因此，能量变得更加珍贵。为了获取维持体温所需的额外能量，动物们采取了两种主要的适应策略。首先，它们需要摄入更多的食物；其次，它们开始更高效地消化食物。随着时间的推移，它们的牙齿逐渐演化，以便能够更高效地相互配合，这使早期哺乳动物能够通过咀嚼更有效地将食物磨碎，为消化做好准备。然而，这些改变也带来了一个问题，与爬行动物或鲨鱼会不断更换牙齿不同，哺乳动物的牙齿只能更换一次。因为我们的牙齿具有高度精确的咬合结构，所以它们无法持续不断地更换。你可能从看牙医的经验中了解到这一点，当安装牙冠时，其贴合度必须非常精确，否则在咀嚼时会感受到微小的不适。因此，对于大多数哺乳动物来说，自然界设定了一种限制，在自然环境中，如果牙齿磨损到只剩下短小的残根，那意味着它们已经相当老了。

如果你发现每当提到哺乳动物时，我总是在谈论它们的牙齿，那么你的直觉完全正确。正如之前提到的，哺乳动物的牙齿非常复杂。这一特征使科学家能够几乎仅通过动物的牙齿便能区分几乎所有的物种。如果你拿出一颗哺乳动物的臼齿让专家仔细研究，无须其他信息，专家便可以准确地告诉你这是哪种动物。此外，对于古生物学家来说，牙齿非常坚硬（它们是我们身体中最坚硬的部分），

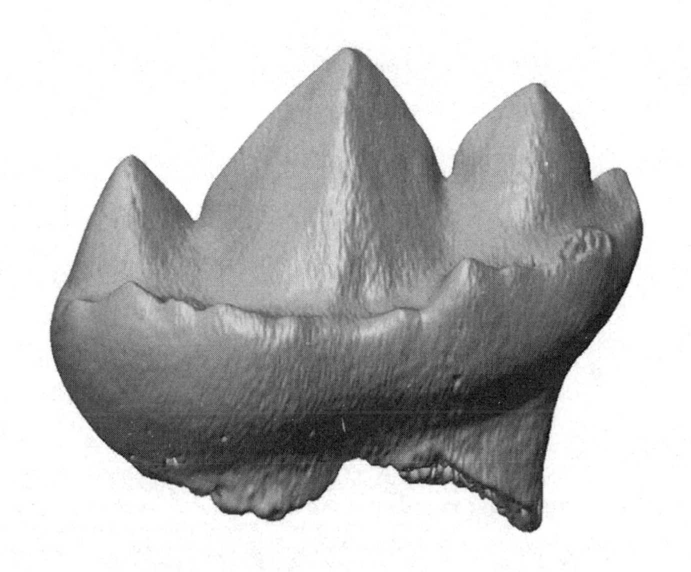

摩尔根兽最常见的化石是它的臼齿。由于这种动物的体形只有鼩鼱大小，因此其脆弱的骨骼相对较为罕见。这些牙齿的直径一般只有大约1毫米，因此通常需要使用显微镜来进行研究。近年来，就像上图所展示的牙齿一样，使用 CT 扫描生成的数字三维模型变得越来越受欢迎。这些具有三个峰的臼齿是哺乳动物用来咀嚼的第一颗牙齿，最终可以追溯到我们的臼齿。

因此它们通常是小型动物唯一留存下来的部分。除了对研究的实用性，在我们的祖先中，牙齿还扮演了关键角色，因为它们使像摩尔根兽这样的动物能够高效地消化食物。尽管它们身材较小（与此对应的是相对较高的热量损失），但这使它们能够继续发展它们的温血性。接下来，让我们看看摩尔根兽的其余部分：虽然骨骼仍然部分具有爬行动物的特征（这些特征将逐渐适应活跃的生活方式，直到后来的哺乳动物），但在外观和行为上类似于现代哺乳动物。那么，摩尔根兽已经是哺乳动物了，还是一个“似哺乳爬行动物”呢？我们要如何定义哺乳动物呢？

首先，肯定不是根据是否能够生育活体后代这个特点，因为一些鱼类和爬行动物也具备这个特点。此外，虽然野鸭嘴（哺乳动物）产的是卵，却用乳汁喂养幼崽，摩尔根兽也很可能是这种情况。由此看来，哺乳动物哺育幼崽的方式也不是定义哺乳动物的标准。从演化的角度看，毛皮或咀嚼食物也都是重要的特征，但它们并不足以定义哺乳动物。

而从科学的角度来看，用于定义哺乳动物群体的标志是次生颌骨的发育。虽然如今大多数陆地脊椎动物都具有原始的颌骨，但你和我以及每种哺乳动物都有一个新的颌骨，它取代了原来的颌骨。请试着将下颌左右摇动。在最后，你会感受到你的颌骨关节，它使你可以移动下颌。你的下颌是由单一的骨头组成的，即下颌骨。它与你太阳穴的一块骨头和鳞状骨共同形成了你的颌骨关节。就像你的前臂与上臂在肘部形成肘关节一样，非哺乳动物的原始下颌骨通常由多个骨头结合而成，这与我们人类的情况不同，我们的下颌骨只有一个骨头。在这里，齿骨只构成了下颌的前部，关节骨与方骨（而不是鳞状骨）一起形成了原始的下颌关节。因此，哺乳动物的下颌关节是一种演化上的创新，因此被称为“次生颌骨”。这一演化是因为齿骨逐渐占据主导地位，并最终单独形成了下颌关节。在齿骨逐渐取代其他骨骼的过程中，齿骨与鳞状骨之间形成了新的关节。这个新的关节在头骨的侧面，逐渐承担了原来方骨的原始功能。

当新的次生颌骨形成后，关节骨和方骨并未完全消失。在哺乳动物的演化过程中，它们迁移到了中耳，并形成了三个听小骨——锤骨、砧骨和原始的镫骨。如果现在你感到困惑，想知道非哺乳动物的原始下颌关节是如何演化成我们耳朵里的听小骨的，以及这一演化过程是如何进行的，那我告诉你，你和学生时代的我有着同样的问题。让我们首先来看看解剖学的情况，然后我们再来试着去理解这一切。

在齿骨和鳞状骨组成的次生颌骨取代了旧的原始颌关节的功能之后，关节骨和方骨位于下颌的后部，离耳朵不远。也许你曾观察（或在电视上看到）过蜥蜴或蛇，它们将下颌平放在地面上。这种行为的其中一个原因是，声波在地面上传播良好，能够感知到下颌的震动。关节骨和方骨之间相对较近的位置以及它们具备通过下颌传播声音的能力，可能导致它们在失去原始功能后迁移到了中耳。在演化过程中，常常会出现结构失去原始功能，但同时承担了新功能的情况，例如，鱼类鳍的支撑结构演变成我们手臂和腿的骨骼。因此，我们的听小骨、锤骨和砧骨与爬行动物和两栖动物的下颌关节是同源的。当你下次站在一只张开嘴巴的鳄鱼前时，请记住，构成它下颌关节的同样骨骼，此刻正协助你的中耳将声音从鼓膜传递出去。

有趣的是，如果不是次生颌骨首先取代了旧的原始颌关节的功能，使哺乳动物能够听到更广泛的声音频谱，那么这种切换到中耳的转变将永远不可能实现。

在哺乳动物的演化谱系中，旧的原始颌关节仍在发挥作用。我们再来具体看看摩尔根兽的情况。尽管在这里齿骨已经开始占主导地位，并与鳞状骨共同构成了我们今天的下颌关节，但关节骨仍然存在于下颌骨中，与方骨保持着连接。这种两个下颌关节同时协同工作的奇特过渡状态自然引发了一个问题，即为什么哺乳动物需要发展出第二个下颌关节。

老实说，我们目前还不能确定确切的原因。有可能减少到一个下颌骨，以及随之而来的下颌关节的改变，对于力量传递来说是有利的。或许咀嚼食物在自然选择中推动了向新下颌关节的转变。然而，这一演化发展的原因目前仍然不明确。作为读者，这个答案可能会令人感到沮丧，但作为一名科学家，在某种程度上，我却对此感到很开心。因为如果我们已经掌握了有关哺乳动物演化的所有答案，那么我也就失业了。

老前辈、灭绝的支系和赢家——中生代的多样性

摩尔根兽是首先拥有次生颌骨的动物之一，因此它位于哺乳动物的起源地位。等一下！在 2.05 亿年前，我们还只在三叠纪末期，即相对还处于中生代的早期，恐龙刚开始崭露头角的时候——哺乳动物就已经开始演化了？是的！尽管摩尔根兽及其近亲与现代哺乳动物之间还存在一些差距，但作为一个群体，哺乳动物的历史几乎与恐龙一样长。大约 1.4 亿年的漫长演化历程大约占其演化历程的三分之二的时间，其间它们一直生存在一个由恐龙主宰的世界中。长期以来，人们普遍认为在恐龙（除鸟类外）灭绝事件之前，哺乳动物只是一群不太引人注目的小型杂食性昆虫捕食者，只是在恐龙灭绝后，它们才开始变得多样化，并发展出今天我们所熟知的各

种不同的生活方式。然而，在过去的 20 年里，特别是来自中国的许多保存完好的早期哺乳动物化石的新发现，为了解我们的早期祖先提供了新的视角。如今，我们不仅了解到在中生代存在着许多哺乳动物的分支，它们曾经广泛分布，但最终灭绝，没有留下现代后代，而且还知道许多“生活方式”（即所谓的生态位）在这些早期哺乳动物中便已经存在，并且在恐龙（不包括鸟类）灭绝后也由现代哺乳动物独立发展出来。举个例子，我们了解到中国有一种生活在 1.64 亿年前的哺乳动物，它属于一个非常原始的哺乳动物分支，科学家们给它起了个有趣的名字，叫作狸尾兽（*Castorocauda lutrasimilis*），意思是“水獭一样的海狸尾巴”。它得名不仅因为保存得非常完好，甚至连皮毛的轮廓都清晰可见，并且这种动物适应了半水生的生活方式，拥有一个类似于桨的扁平尾巴。尽管外表与现代水獭或海狸相似，但实际上与它们并没有亲缘关系，而只是适应了相同的生存环境（这是趋同演化的一个典型例子）。

如果你是啮齿动物爱好者，那么中生代也为你提供了早期哺乳动物的化石，尽管它们与现代啮齿动物没有亲缘关系，但它们有许多相似之处。多瘤齿兽出现在大约距今 1.6 亿年前的侏罗纪时代，并发展成为一个多样化且成功的群体。它们最引人注目的特征可能是那些长而宽的、类似啮齿动物的牙齿，非常适合咬断食物。同样，这里再次清楚地显示出，在演化过程中，高效且有用的结构经常会独立多次发展出来。与今天的同类动物相比，大多数多齿目动物主要以植物为食，尽管它们也不会拒绝昆虫和蠕虫等蛋白质来源。它们与可能和它们有亲缘关系的冈瓦那兽（两个群体之间的确切关系仍存在争议）几乎遍布全球。它们的足迹甚至扩展到了当时气温较暖的南极洲。与许多同时代的生物不同，多瘤齿兽甚至在白垩纪末的大规模灭绝事件中幸存了下来，与现代哺乳动物和卵生哺乳动物（如鸭嘴兽）一起生存，直到地质年代较近的时候才灭绝。

如果我们现在将思绪带入位于当今中国的侏罗纪时期的森林中，你可能会在蕨类植物中看到许多恐龙（有的有羽毛，有的没有）。草地尚未形成，哺乳动物生活在浓密的灌木丛中，部分还居住在地下巢穴中。在夜晚的庇护下，它们依靠敏锐的听觉寻找昆虫。很少有阳光穿透针叶树、树蕨和银杏等树木的浓密枝叶，但在树冠上方有一些动静，有一种小动物正沿着树枝行走，乍一看，这并没有什么特别，就像如今一样，在中生代也有不少哺乳动物适应了在树上的生活，但这只动物有些与众不同，当它达到树枝的顶端并跳向另一棵实际上离它很远的树木时，它展开手臂和腿，像现代的滑翔动物一样，飞向并抓住下一个树干。翔兽（*Volaticotherium*）是已知的最早会滑翔的哺乳动物，与之相关的物种还分布在阿根廷和摩洛哥。因此，可以合理地推断，在世界各地，哺乳动物已经在恐龙头上“飞翔”了。早期哺乳动物是否已经发展出主动飞行的能力，还有待观察。到目前为止，蝙蝠仍然是唯一一种能够主动飞行的哺乳动物，但每一次新的发现都可能带来新的可能性。

因此，我们可以看出，我们早期的祖先和近亲已经开始以各种形式出现。但所有先前介绍的物种都有一个共同点，即它们都很小。在白垩纪结束后，地位重新分配之前，大型哺乳动物才得以发展，因为在那之前，恐龙的统治实在太强大了。然而，这并不意味着捕食者和被捕食者的角色总是分配明确的。

现在我要向你介绍两种早期哺乳动物中的巨无霸。爬兽（*Repenomamus*）的体重约 14 千克，差不多和一只小猎犬一样重（虽然体形更像斗牛犬）。戈壁尖齿兽（*Gobiconodon*）的体重可达 5 千克，与杰克罗素梗犬差不多大。戈壁尖齿兽的体形和可能适于切割肉类的牙齿，表明它可能是肉食动物，而爬兽是肉食动物的证据则明显得多。人们不仅发现了完好无损的爬兽化石，还发现了爬兽骨中的骨架。爬兽是中生代唯一一种在胃里发现有猎物的哺乳动物，这个猎物是鹦鹉嘴龙的幼崽，这种小型有角恐龙（尚未长出角）是著名的三角龙的祖先。由于这一发现，科学家直接证明，一些哺乳动物在一亿多年前就已经开始捕食恐龙了。

在中生代存在的不同哺乳动物支系中，只有两个主要支系如今仍然存在。一个支系是单孔目动物，如鸭嘴兽等，它们在早期地球历史中相对较早地分离出来，并在演化过程中保留了许多原始特征，如产卵和特殊的骨骼结构（扩展的四肢和类似爬行动物的肩胛骨结构）。它们可以说是哺乳动物中的老前辈。另一支系是兽亚纲，它们又分为胎盘动物和有袋动物。真兽亚纲在侏罗纪晚期和白垩纪早期之间演化出来，它们的骨骼结构不像其另一条分支那么原始，而且它们的牙齿具有更高的复杂性。其他早期哺乳动物在中生代末期逐渐衰弱，而它们却经历了一次繁荣。由于它们在与其他哺乳动物的演化竞赛中脱颖而出，因此在白垩纪末期变得非常多样化。这使它们能够在恐龙灭绝后生存下来，然后取而代之。目前，在这一领域，一个备受关注的研究问题是有关这种演化的扩展，专家们称之为辐射，即哺乳动物家谱的相对迅速的分支扩展。因为我们找到了许多在非鸟类恐龙灭绝后的一个 1000 万年内大分支的哺乳动物化石，它们与我们现在对哺乳动物的印象相符，比如啮齿类、灵长类或奇蹄目动物（例如古马科动物）。科学家们现在提出了两种假设：第一，这些我们可以在非鸟类恐龙灭绝一段时间后找到的大分支是在灭绝之后才产生的；第二，它们在中生代早期就已经存在，只是那时它们之间的相似性很大，以至于只有在恐龙灭绝后，通过它们的进一步演化，我们才能区分它们。这两种假设在科学界都得到了认可，并通过化石和分子方法进行了研究。

背后令人兴奋的问题是：在分支分开后，它们能够共存多久，以至于它们在化石记录中由于相似性而无法被区分？如果研究能够成功地回答关于现代哺乳动物辐射的问题，将有助于我们更好地理解演化，解释化石记录中不同分支的出现，以及通过分子分析来确定谱系的年代。

大爆炸后的哺乳动物

我们穿越时光来到今天的黑森林地区，回到大约 4700 万年前，这是一个被称为“始新世”的时代，也被戏称为“黎明时代”。当时欧洲的地理位置稍微靠近赤道，但这并不是我们周围环绕着潮湿温暖的热带雨林的唯一原因；全球的气温比现在高出约 8 ℃。在我们脚下，地壳深处发生着变动。百万年来，非洲的地质板块一直在向北方施加更大的压力，这种压力迟早会导致阿尔卑斯山脉在更南部的地方崛起，但即使在中欧，也仍然明显可感知到这种压力。地下运动使岩浆沿着地质断层不断上升。不过，我们现在最好迅速向一边走几步，就在这一刻，岩浆在不到 100 米深的地方遇到了一层含有地下水的岩石层。你明白问题出在哪里了吗？

想象一下，你试图将盖子紧紧盖在一锅沸腾的开水上，以防蒸汽逸出。这样做很可能不会成功，因为锅内的压力太大。如果你现在想要焊死盖子，是的，你可能能够一时控制住蒸汽膨胀，但只有等到它爆炸时，你才会明白后患无穷。

现在，你可以想象将水替换为地下水储量，将锅替换为 100 米深的岩石，将灶具替换为突然与水接触的大量上升的岩浆。你已经可以预想到，仅仅向一边走开是不够的。现在，爆炸就在眼前，水瞬间变成了大量的蒸汽，产生了所谓的爆破性喷发，留下的是一个 700 多米深的坑，渐渐被飞回的碎屑填满。在接下来的时间里，坑的 200 ~ 300 米处将会被水充满，形成一个类似今天我们在埃菲尔地区发现的玛珥湖。这个湖位于热带雨林中，将持续存在长达 150 万年，由于湖泊的深度较大，相对不受其他水体干扰，以及温度季节变化较小，所以湖水的混合程度也非常有限。在这种条件下，湖底较深处几乎没有氧气，也几乎没有水流，即使是微小的有机物也无法在这种情况下被分解。这些有机物被封存在细致的淤泥沉积中，呈现黑色。4700 万年后，此时此地，我们发现了一种分层细腻的岩石，其由于高含碳量而被称为油页岩。这种岩石曾在 19 世纪末至 20 世纪 60 年代被开采。然而，这种仅适度适用于能源生产的油页岩却因另一个原因而闻名世界。在梅塞尔化石坑的采掘过程中，逐渐出土了越来越多保存完好的化石。毫不夸张地说，正是由于众多的私人收藏者，人们逐渐清晰地认识到梅塞尔化石的质量和多样性在全球范围内都非常出色。然而，在 20 世纪 70 年代，采掘结束后，该化石坑并没有受到保护。事实上，政府的计划是将这个地方变成垃圾填埋场。是的，你没有看错，就是垃圾填埋场。在与居民和相关古生物学家长达数年的拉锯战后，到了20 世纪 80 年代末，将这个保存着尚未挖掘的丰富宝藏的古代生态系统埋在数吨垃圾下似乎已成定局。政府已经投入了数亿欧元用于垃圾填埋所需的基础设施。然后，该项目在最后一刻失败了。不，这并不是因为理性占了上风，而是因为程序错误。仅仅几年后，也就是 1994 年，梅塞尔化石坑被联合国教科文组织列为世界自然遗产。使得这个保存着丰富化石的化石坑成为仅有的 11 个拥有这一身份的化石产地之一，也是德国的第一个自然遗产地。梅塞尔化石坑为我们敲响了警钟，提醒我们时刻要警惕，因为世界自然遗产和垃圾填埋场有时可能相距不远，并且要尊重科学家的建议，听取那些不要毁坏独一无二的自然或文化遗产的警告。

直到今天，梅塞尔化石坑仍在进行定期发掘，这一步步的工作让我们对过去的生态系统有了更加深入的了解，更好地理解了黎明时代的中欧。

在 1900 万年之后，地球已经从白垩纪末的大规模灭绝中恢复过来。哺乳动物的多样性稳步增长，而在始新世时代，大多数今天的主要哺乳动物支线，如啮齿动物、偶蹄动物、灵长类、奇蹄动物和蝙蝠已经发展起来。同时，还有一些哺乳动物支线并没有幸存下来。

梅塞尔化石坑的哺乳动物化石中还包括有袋动物。这些通常与澳大利亚联系在一起的动物也分布在世界其他地区。在南美洲，我们可以找到至今仍存在的有袋类动物，它们通过重新扩散，现在也出现在北美洲，比如负鼠。请不要感到困惑，因为并非所有有袋类动物都拥有袋子（不要对我抱怨，并不是我给它们起的名字）。值得注意的是，反过来看，对于“高等”哺乳动物，即“胎盘动物”这个名称也不完全准确，因为有一些有袋类动物，比如考拉，也拥有某种形式的胎盘。不过，我又扯远了。在这个领域，有许多令人兴奋的内容，因此我经常容易跑题。那么，让我们回到有袋类动物和胎盘动物，它们的近亲在恐龙时代已经成功地遍布全球。然而，与它们的近亲不同，有袋类动物在新生代时代在北半球已经绝迹，只在南美洲和澳大利亚这两个大陆岛屿上幸存了下来。然而，在始新世时代，在我们这个纬度，仍然可以看到一些类似负鼠的小型有袋类动物在丛林中奔跑。还有一种更加古怪的动物在森林的地面上蹦蹦跳跳。长鼻跳鼠（*Leptictidium*）是较高级哺乳动物的代表，它们没有直系后代，并最终灭绝了，它们从头到尾大约有 30 厘米长，重约 0.5 千克，它有着长长的尾巴，用强壮的后腿进行跳跃，就像小袋鼠一样穿越灌木。长鼻跳鼠的骨骼化石上有明显的嘴部肌肉附着点，这表明它们可能拥有用来寻找昆虫和小脊椎动物的长鼻子，那些都是在它们的胃里发现的食物。长鼻跳鼠曾受到较小型的原始食肉动物的追捕，而水中还有一种叫作 *Buxolestes* 的动物，它类似于水獭，捕捉鱼类，尽管它与水獭并没有直接的亲缘关系。我们已经在中生代时期遇到过类似的趋同演化现象，如狸尾兽属（*Castorocauda*）。

除了这些古老的原始形态，大约 4700 万年前，在梅塞尔地区还居住着一些我们现在熟知，但在德国却不太常见的哺乳动物，例如，在梅塞尔原始森林的树上跳跃的猴子（我们稍后会更详细介绍它们）。

还有名为犀貘（*Hyrachyus*）的现代犀牛的祖先也曾在德国的土地上漫步。尽管犀牛现在只分布在南美洲和东南亚的雨林中，但它们在早期几乎遍布全球。犀貘在哺乳动物谱系中的确切位置仍然受到古生物学家的争议，有些人认为这种大约一米高的动物是现代犀牛的祖先。而实际上，它们是貘现存最近的亲属。在犀貘时代，这两个支系还没有分开多久，因此一些特征（例如鼻角）的发展还没有太大进展，使得早期各个分支的代表物种的确切分类有时变得极具挑战。梅塞尔的原古马也是一个类似的案例，而这些马科动物也是梅塞尔化石坑的象征。

马科的演化

在梅塞尔湖形成之前的几百万年，北美和欧洲出现了一种肩高约 20 厘米的小型动物——当时大陆仍然部分相连，因为大西洋还没有完全形成。它们栖息在森林茂密的灌木丛中，拥有扁平的低冠牙齿，适于咀嚼软质植物。它们的前肢有四个趾，后肢有三个趾（趾代表脚趾和相应的掌骨或跗骨）。对于这些古老的马科动物来说，第三根趾相对较强壮，承担了大部分体重，因此它们仅用趾关节行走。美洲的原古马是现代马的祖先，而与其非常相似的欧洲亲戚则属于一个旁系，最终没有留下后代。从外观上看，这两个群体只在一些细节上有所不同。它们都很适合作为马科动物早期祖先的例子。然而，专家们经常就这些微小差异进行争论，这些差异对于我们理解演化的过程非常重要。在马科动物的演化过程中，经常发生一些分支灭绝或进一步分化的情况。有些物种被视为某一发展阶段的典型代表，即使它们只是旁支，不是马的直接祖先。尽管如此，当我们的目的是了解马科动物的演化趋势时，我们可以将这些形态都视为马的祖先，前提是我们明白了它们背后复杂的情况。

请把演化想象成一条蜿蜒的河流，这条河流并非笔直地奔向一个目标，而是蜿蜒曲折，只遵循着大致的方向前进。它有曲线和支流，有时这些支流也会干涸。而在其他地方，这条河流可能干脆没有支流。如果你想通过照片来描述沿河的景观变化，那么无论你拍摄的是在支流还是主河道，都无所谓。这对于将梅塞尔的早期马科动物称为马科动物祖先的古生物学家来说也是如此。从严格意义上说，它们属于支流，但它们的化石为那个时代的马科动物演化提供了很好的例证。在经历了始新世温暖潮湿的气候之后，随着时间的推移，气温逐渐下降，草地开始逐渐蔓延。这种栖息地的变化也可以从当时马科动物的化石中看出。逐渐地，这些动物变得更大，经过多代的演化，它们的脚逐渐适应了更为开阔的地形。第三根趾逐渐占据支配地位，直到其他趾几乎退化。此外，这些动物仅用趾尖着地行走（而不再使用整个趾节）。因为在广袤的平原上，能够长时间奔跑变得更为重要，而快速转向的需求逐渐减少了。随着森林的减少和草地的扩张，食物供应发生了变化，从而影响了动物们的牙齿结构。也许你曾经被草叶割伤过，但应该从没有因为树叶受过伤。这是因为草本植物生成了微小的硅酸盐颗粒（与石英或蛋白石相同的材料），使它们更加坚固。这种坚固性以及更多磨损颗粒的存在导致草食动物与叶食和果食动物不同，它们倾向于发展出具有复杂切割边缘的大型牙齿。这一趋势在马科动物中也有所体现。随着它们的趾逐渐适应了开放的栖息地，我们还可以观察到，它们的牙齿形状和牙冠高度也发生了变化，这也解释了为什么现代马科动物具有如此长的口腔，并且它们的眼睛相对较远地位于头骨的后部。长牙齿需要更多的颌面空间，因此头骨的其他部分也必须相应地调整。同样，谚语“别人送的老马就不要看它的牙齿了”也源自这一演化过程。

马的牙齿形成了复杂的结构，在不断的磨损中发生着变化。这种适应性使专家们能够通过观察马的牙齿来准确确定其年龄。因此，在购买马匹之前，交易商可以通过检查马的牙齿来判断是否值得购买。

尽管这一演化的大部分时间发生在北美洲，但通过当时形成的白令陆桥，一些种系不断迁徙到亚洲和欧洲。这些种系逐渐灭绝，然后被新的迁徙浪潮所取代。今天的马科动物，包括驴和斑马，大约于350万年前在北美洲演化而成，然后从那里传播到整个旧大陆。在大约5000万年的演化过程中，马从小型森林栖息动物逐渐演化成了我们今天所熟知的草原动物。具有讽刺意味的是，大约一万年前，现代马在北美洲完全灭绝了，而这个地方曾经是它们演化的发源地。直到16世纪，西班牙征服者将马从欧洲顺着大西洋，横渡到它们古老的家园，它们迅速以野马的形式再次在那片土地上繁衍生息。

我们最亲密伙伴的演化历程

在始新世的北美洲，除了马科动物，还有另一类生物在逐渐演化。这些生物的后代，甚至在过去的几千年中，已经更加适应了与人类一同生活的环境。这些生物就是狗和猫，它们属于食肉动物（不管它们看起来多么可爱）。食肉动物（Carnivora）的起源可以追溯到始新世时期，当时它们的体形与鼬科动物差不多。在它们的演化过程中，分成了两个分支：猫科动物和犬科动物。然而，在漫长的历史中，它们并不是唯一的食肉动物，其他生物谱系也逐渐演化成狩猎者，例如与有蹄类动物密切相关的中爪兽类（Mesonychidae），还有一群被称为原始食肉动物（Creodonta）的生物，它们一直在地质历史中与食肉动物并存，甚至一直存活到最近的地质历史时期，由于它们具有与真正的食肉动物相似的生活方式，因此这些动物产生了相似的身体结构。尽管这些不同的生物群体在外表上看起来非常相似，但通过特征性的差异，如牙齿结构等，我们可以确定它们在演化树上的不同位置。下次当你看到猫打哈欠或狗啃骨头时，请留意它们用来切割肉食的牙齿，它们下颌的后部拥有两颗刀刃状的牙齿，彼此非常近，非常适合切割肉类。这种被称为"切肉剪刀"的结构在食肉动物中通常是由上颌的最后一颗前臼齿（第四颗前臼齿，我知道，有些人想要准确知道）和下颌的第一颗臼齿组成，类似的结构也是在原始食肉动物身上独立演化形成的。在这些动物身上，形成刀刃的边缘位于上颌的第一颗和第二颗臼齿之间，或者在下颌的第二颗和第三颗臼齿之间。而相比之下，中兽科这一类动物缺少了这样的演化优势。顺便提一下，如果你现在正考虑查看你家宠物的口腔和牙齿：你可以比较一下狗和猫的牙齿结构（如果恰巧它们在你身边）。你会发现，狗的牙齿比猫多很多，特别是在"切肉剪刀"后面还有一些臼齿，使狗能够摄取更广泛的食物。猫在演化的过程中则专门适应了以肉类为主要食物来源，而狗更倾向于广泛地接受不同类型的食物（熊就是狗类动物中一个很好的例子，它们通常摄取更多的植物食物，而不是动物类食物）。因此，作为一名科学家，每当我听说有人完全素食喂养他们的猫时，我都会感到非常困惑。如果你现在想"什么？谁会这么做"，那么我要恭喜你具备健全的常识。如果你认为"这有什么问题？我自己也是素食主义者"，那么我们就需要认真谈谈了。如果你自己选择素食，那并没有问题（我们将在下一章中详细了解人类的演化遗传背景）。但从科学的角度来看，猫被视为"超级食肉动物"，在动物界中很少有适应食肉程度能与之相媲美的动物。因此，如果你完全以素食方式喂养你的猫，就好比只给你的马吃牛排一样。如果你现在提出异议，认为完全素食喂养你的猫是没有问题的，那么请记住，那就像将一个适应丛林生活的老虎一生关在一个 2 平方米的笼子中一样。

所以，让我们再次仔细研究一下猫的口腔。与大多数食肉动物一样，最显眼的牙齿无疑是犬齿。毫无疑问，地球历史上最令人印象深刻的大齿是剑齿虎的，它们使用这种巨大的犬齿来捕猎大型猎物，这也是古生物学插图中不可或缺的一部分。然而，“剑齿虎”这个术语实际上涵盖了许多不同的独立演化出来的这种类型牙齿的动物分支。其中一些如剑齿虎（*Smilodon*）是真正的猫科动物，而另一些“剑齿虎”实际上只是猫科动物的一部分，有些甚至不是胎盘动物。因此，南美洲在寒武纪与北美洲隔绝，这使得有袋动物相对较少受到干扰，它们在那里（以及在澳大利亚）发展出了自己的大型肉食动物分支。一些捕食性有袋动物，如袋剑齿虎（*Thylacosmilus*），生活在 700 万—200 万年前，也发展出了巨大的上颌犬齿。这种特化使它们能够对其他动物造成严重的伤害，甚至可以捕食大型猎物，从演化的角度来看，这似乎具有重要的优势，因此这种特化在演化中频繁出现，几乎贯穿了整个新生代。然而，这种特化在依赖特定食物来源方面也带来了不利之处。大约 12000 年前，许多大型哺乳动物灭绝时，剑齿虎和似剑齿虎（*Homotherium*）也随之绝迹。这也意味着你的曾曾曾祖先（请在脑子里自行脑补更多的“曾曾曾”）可能曾经与剑齿虎面对面，并以某种方式幸存了下来。

猛犸象和它的同类

我们可以继续追踪更多新生代哺乳动物分支，但那将使这一章变得非常冗长（我是否已经说过，你可以考虑听听古生物学讲座）。但是有一类动物，它们几乎已经成了灭绝哺乳动物的代名词，那我当然就不得不聊聊它们了。猛犸象大约在600万年前演化而成，它们起源于现今的印度象祖先（与非洲象相比，印度象与猛犸象的亲缘关系更为密切）。然而，象科动物的演化历史要追溯到更久远。大象最早期明确的祖先是在大约6000万年前的摩洛哥沉积岩中被发现的。这些是古新世时代的沉积物，早于始新世，紧随白垩纪时期。在演化历史中，大象一开始是一些很小的生物，如古兽象（*Eritherium*）或约500万年后的磷灰兽（*Phosphatherium*），它们的肩高分别只有20厘米和30厘米，体重分别达到6千克和17千克。它们牙齿上的磨损迹象表明，它们以各种植物为食。与北美洲马科动物一样，在接下来的数百万年里，象科动物的演化引擎将位于非洲。最初，它们的体形增长较慢，因此在始新世时期，大多数象科动物的体形与貘差不多。除了体形，这些早期象科动物还在其他方面与貘类似，例如，它们也有短小的鼻子，并常常待在水中。然而，到了始新世末期和随后的渐新世时期，这些动物逐渐变得更大。与此同时，它们的一些切齿开始突出，这标志着长牙的出现。这些长牙可能在觅食方面提供了优势，同时也在外观上独具魅力。因此，经过数百万年的演变，长牙形状和大小（长度可达4米）的多样性也随之产生。其中，恐象（*Deinotherium*）是一个我们已经熟知的奇特形态。恐象这一类群的演化分支在渐新世时期与现代大象不断分离，独立演化出了令人印象深刻的巨大体形。恐象与嵌齿象和乳齿象一起，早于现代大象离开非洲，并通过亚洲传播到欧洲、北美洲以及南美洲（部分）的几个动物群之一。有趣的是，猛犸象科中也包括了猛犸象属。除了长牙，乳齿象、嵌齿象、大象和猛犸象还共有一个不同寻常的特征，即它们不会像我们和大多数其他哺乳动物一样，从下方用恒牙代替乳牙，而是在下颌后部形成新牙齿，然后随着时间的推移逐渐向前推进，而前面的牙齿则逐渐磨损。因此，它们的牙齿会一个接一个地不断向前推进，但这种后继牙齿的数量是有限的。当老年大象的最后一颗牙齿掉落时，它实际上就无法继续进食了。这种牙齿更替方式的改变是为了适应食物的一种演化，这些食物会越来越多地磨损它们的牙齿。嵌齿象和乳齿象的食物中仍然包含大量的叶子，而猛犸象和大象不得不发展出更适应坚硬草地的牙齿（当然，并不是说它们拒绝食用叶子）。尤其是"猛犸象草原"扩展到了寒冷的欧亚大陆草原，一直延伸到北美洲。这些所谓的"猛犸象草原"在过去 250 万年的寒冷时期尤其茂盛。在这里，我要特别明确指出，我使用的是"寒冷时期"这个词，而不是"冰河时代"。冰河时代指的是地球极地区域覆盖冰盖的时期。然而，更新世（大约 250 万年前至大约 1.17 万年前）的寒冷时期要比今天寒冷得多，这导致了大规模冰川形成。在冰川覆盖区域以南，"猛犸象草原"蓬勃生长，这不仅为庞大的猛犸象提供了栖息地，还为其他大型哺乳动物，如独角犀牛提供了丰富的食物资源。更新世时期的多次冷暖交替使得中欧地区的植被和动物发生了变化。在温暖时期，草原减少，森林扩张。更新世时期，猛犸象的分布区域局限在北欧，而在中欧森林中则生活着森林象。在大约 10000 年前，随着最后一次冰河时期结束，猛犸象在大陆上灭绝了。只是在一些偏远的岛屿上，比如前面提到的弗兰格尔岛，它们存活得更久一些，但直到大约 4000 年前也绝迹了。

过度捕杀

猛犸象为何会灭绝呢？其中一种著名的理论是，它们被不断扩张的现代人类大规模捕杀。这种被称为“过度捕杀假说”的理论认为，全球范围内的许多大型哺乳动物都因受到人类的狩猎和干扰而灭绝。现在，让我们去古生物学中寻找答案吧。

首先，我们可以明确，在 5 万— 1.2 万年前的更新世末期，全球范围内发生了大型哺乳动物（体重在 100 ~ 1000 千克之间，特别是 1000 千克以上）的大规模灭绝。只有在非洲和亚洲南部，大型哺乳动物才得以幸存。

此外，众所周知，当人类进入“未被开发”的地区时，他们可以通过捕猎导致那里的动物种群，尤其是大型动物崩溃。这一情况在近期对马达加斯加的研究中得到了有力的佐证，该岛直到大约 2000 年前才开始有人类定居，但随后许多大型哺乳动物，如马达加斯加河马、巨大的狐猴以及无法飞行的象鸟都灭绝了。毛利祖先在新西兰定居后也出现了类似情况，大约在 700 年前，当毛利人的祖先抵达新西兰时，他们发现了多种无法飞行的鸟类，其中包括高达 3.6 米的恐鸟，这些动物对人类毫无戒备，因此很快就被过度捕猎而灭绝。这一情况同样对新西兰的哈斯特雕鹰产生了致命影响，这种猛禽的翅展宽度可达 3 米，专门捕猎恐鸟，而且有证据表明，即使使用相对简单的工具，人类也能够猎杀较大的动物物种，这会导致大型捕食动物的进一步灭绝。

随着更新世的结束，人类开始迅速向全球扩散。大约在 5 万年前，他们通过印度尼西亚抵达了澳大利亚，而大约在 1.2 万年前，他们穿越白令地峡抵达了北美洲，最终到达了南美洲。在这三个大陆上，人类出现后不久，大型史前动物便开始灭绝。因此，与人类的出现几乎同时，澳大利亚的巨型袋鼠、类似犀牛的大面颊兽（*Zygomaturus*）和体形巨大的猫科动物袋狮（*Thylacoleo*）开始灭绝。这些生物以及其他许多大型袋鼠和爬行动物在澳大利亚土著祖先定居后迅速消失。在北美洲，许多哺乳动物在大约 1.2 万— 1 万年前灭绝，包括猛犸象、猛犸象科动物、北美马、北美貘、骆驼（是的，北美洲也有骆驼，但它们最终还是来到了南美洲）、巨型树懒、剑齿虎、狮子（这些动物在不久前还分布在欧洲和北美）和大型狼的近亲。在南美洲，灭绝事件发生在几个世纪后，其中包括巨型犰狳（数米高的大型类似犰狳的动物）、巨型树懒、剑齿虎和猛犸象的亲属短猛犸象等。有趣的是，一些大型哺乳动物在相对孤立的岛屿上的存活时间要比它们在大陆上的亲属长得多。

经过所有这些解释，情况好像已经非常明确了：是人类吃掉了这些已经灭绝的大型哺乳动物，罪名成立。

反对！事情远没有这么简单！虽然两个事件在时间上相关，但并不一定意味着它们之间存在因果关系。想象一下，当你走过街角，突然有人中弹倒地，这并不意味着你的出现足以证明你有罪。对于这种假设，理想情况下，我们会找到直接证据，也就是所谓的“作案工具”。然而，在我们的案件中，很难获得这种证据。即使我们找到了“作案工具”，也无法直接了解早期人类捕猎活动的规模和强度。因此，我们必须进行一项烦琐的间接取证过程，而在这个过程中，辩方可以提出一些辩护理由来证明被告的无辜。因为即使在澳大利亚、北美洲和南美洲这三个地方，人类出现时正好出现大型哺乳动物灭绝，但在非洲、欧洲和亚洲，人类已经与大型哺乳动物共存了相当长的时间，却并没有导致它们的灭绝。事实上，在东南亚和非洲这两个人类居住时间最长的地区，大型哺乳动物一直生存至今。尽管当被告方提到这一点时，控方可能会提出异议，称这并不奇怪，因为那里的大型哺乳动物有足够的时间来适应环境的变化，而人类的演化是逐渐发展或缓慢迁徙的。但至少对于欧洲和北亚来说，这个论点仍然是控方的一大弱点。此外，辩方指出，马达加斯加和新西兰的比较案例只涉及岛屿，而不是整个大陆。总的来说，如果我们的祖先在相对较短的时间内猎杀了这么多动物，那他们必定非常饥饿。当然，想要确定当时的世界人口数量非常困难，但粗略估算，大约在 1.2 万年前，地球上分散居住着数百万人，这相当于柏林市的人口规模。除了人口分布稀疏的情况，对于许多动物物种来说，根本没有明确的证据表明它们受到了大规模的猎杀。通过骨骼化石的发现，我们可以看到在北美洲，马和骆驼的近亲曾经是早期人类的猎物，但几乎没有确凿的证据证明猛犸象和其他大象也是早期人类的猎物。其中还牵涉一些实际问题。尽管理论上石器工具可以用来猎杀大象，但这并不意味着这种情况经常发生。试想一下，如果有人把一个装有折叠刀的扫帚柄交到你手上，然后将你推进动物园里的大象围栏。这时，你拿着这个超大号的牙签面对一头皮糙肉厚的动物，不禁思考“庞然大物”这个词或许在向你传达某些重要信息。即使那只动物可能会像北美猛犸象那样不立刻将你视为威胁，但如果你开始将它们看作午餐时，情况将迅速改变。而在大象后面，你看到骆驼和马的围栏，你突然想到，你也可以以更安全的方式获得足够的肉。

最后，辩方指出，更新世时期不断发生气候变化，这对于该时期末期的物种消失可能也起到一定作用。然而，控方可以提出异议，这些气候波动远不如之前的波动强烈。虽然这些波动对欧洲和北亚的物种灭绝有一定的影响，但在解释美洲动植物群变化时的作用就有限了。

所以，情况比表面看起来更为复杂，目前还无法作出简单而明确的判决。在澳大利亚和北美洲，人类的出现与大型哺乳动物的减少在时间上密切相关，许多科学研究表明，至少对于这些地区，人类在这些动物的灭绝中起到了重要作用。也有专家认为气候变化是大型哺乳动物灭绝的主要原因，人类最多只能被视为次要原因。此外，还有一种观点认为，这两个因素相互作用，并考虑了一些其他因素，这些因素在不同大陆上有不同程度的影响。

人类化石

前文回顾

“从地质学的角度来看，人类时代只是一瞬间。”你可能听说过类似的说法。这个说法没错。人类属已经有大约200万年的历史，而我们现代人类的历史只有大约20万年。地球已经有大约40亿年的生命历史。然而，我们身体的很大一部分早在第一只“猴子”开始制作石器或使用火之前就已经演化出来了。

让我们来看看自己的身体。在演化过程中，哪些身体特征在恐龙灭绝之前就已经存在了？你的整个骨骼，每一块骨头，都可以追溯到5亿多年前的小型鱼类的祖先，比如海口鱼（*Haikouichthys*）。你背部的内部软骨支架，即脊索启动了你现在骨骼的发展。这个由弹性软骨组织构成的管状结构如今在原始的鱼类中仍然存在，比如鲟鱼。尽管脊索的功能逐渐被脊椎骨所取代，但它的一些部分仍然保留在我们的身体中。如果有一天你患了腰椎间盘突出，也许你会想到，最初，你的腰椎间盘是一种长期的内部支持结构，后来变成了你脊柱的缓冲垫（但不要期望这个信息在那一刻会对你有所帮助）。

在这种情境下，你可能希望有一个东西可以用来全力咬住，也许这个时候你会注意到，你会使用到与你的脊柱几乎同时演化而来的身体部位——下颌。对现存鱼类的研究表明，我们的下颌最初是从鳃弓演化而来的，这个过程可能发生在4.5亿年前。大约2000万年后，第一批拥有下颌的化石以盾皮鱼的形式出现。

大约在同一时期，另一个器官也开始发展，这个器官与下颌有着密不可分的联系。然而，只有在你始终保持良好的口腔卫生的情况下，这种关系才能保持得无懈可击。牙膏广告通常会强调某种产品可以特别保护你的牙釉质，而这也是当你的牙医建议你好好保护牙齿时所关注的重点。因为在牙釉质下面，是容易受到侵蚀的牙本质（象牙质）。与其保护层不同，牙本质是一种活的组织，这种组织包含我们在感到牙痛或看牙医时会感觉到的神经。所以，当你下次躺在牙医椅上张开嘴巴，接受口腔护理时，你可以想一想，医生正在处理的是你体内早在4亿多年前就演化出来的一部分（尽管这个认识就像在治疗椎间盘突出症时一样，在那一刻可能对你的感觉帮助也不大）。顺便说一句，我们的牙齿是在与鱼鳞的密切互动中逐渐演化形成的，它们的共同演化历史可以从现代鳞片中找到线索。例如，鲨鱼的鳞片从结构和化学成分上几乎与牙齿相同。当你切开一颗牙齿，你会发现一个供应牙本质的脉室，而如果你切开一片鲨鱼鳞片，你将看到完全相同的结构，这些鳞片也具有脉室、牙本质和牙釉质。古生物学家们一致认为这两种结构是同源的，也就是说，一种是从另一种演化而来的，但是，很长一段时间以来，他们一直在探讨是哪一个器官首先发展起来的，是牙齿首先出现，然后从喉部开始逐渐延伸到身体各部吗？还是最初在皮肤上形成鳞片，然后从外部延伸到喉部，获得新的功能？

在这个讨论中，我们之前已经了解的牙形刺一直是关注的焦点。它们没有鳞片，甚至没有颌，只有一个口腔，但它们具有某种形式的牙齿。如果这些牙齿被认为是同源结构，即“真正的牙齿”，那么鳞片将比牙齿年轻，因此鳞片是从牙齿演化而来的。

然而，最近的研究逐渐提供了一些关于牙形刺牙齿微结构的线索，表明它们的发展是独立于“真正”的牙齿的，虽然它们与后者呈现了类似的趋势。目前，大多数科学家认为是鳞片首先发展起来的，然后进一步渗透到咽部（这个问题非常复杂，完全超出了本文的详细范围。对于想要深入研究最新假设的人，我建议查阅相关专业文章）。

在发展出下颌和牙齿后，鱼类在海洋和河流中经历了一个繁荣的时期，它们还进入了一些并非一直适宜居住的水域。如果你今天前往非洲或澳大利亚，你可以在干涸的河流和湖泊中找到鱼类，它们不必担心干旱。这些肺鱼演化出了肺部，可以在干旱期存活下来。在大约 3.7 亿年前的泥盆纪时代，类似的条件导致像提塔利克鱼（*Tiktaalik*）这样的动物的鳍在多代演化中逐渐演变成简单的四肢。这是因为鱼类鳍中已经存在骨头，其功能逐渐发生了改变。即使在今天，也有一些鱼类通过类似的方式将它们的鳍转化为在水下行走的器官，出现了趋同演化。最初，最早的脊椎动物在陆地上的多样性较高，但在泥盆纪的过程中，出现了一种骨骼排列方式，类似于我们今天在四肢中找到的排列方式。

如果你吃了太热的东西，烫伤了舌头，然后轻轻地用舌尖沿着上颌摸索，你会触摸到一种非常有用的结构——次生颌将口腔和鼻腔分隔开，这使我们可以在进食的同时呼吸（这种能力对婴儿来说尤为重要）。次级颌在早期哺乳动物出现之前已经存在，可能是哺乳物为了适应更为活跃的生活方式发展出来的。它在很大程度上促进了哺乳动物哺育幼仔的能力。然而，我们时常会不自觉地咽下食物，这也让我们意识到口腔和呼吸道之间并不是完全隔离的。有趣的是，鳄鱼也演化出了类似的结构，但它更可能是为了适应在水中捕猎的生活方式。

另一个重要的演化特点是新颌关节的出现，并由此提高了听觉能力。此外，我们的夜行祖先在恐龙时代生活在丛林中，因此需要毛发来防止体温过低。这些演化特点的出现帮助了我们的祖先适应环境，从而使我们今天拥有了这些有趣而重要的生理特征。如今，我们将各种奇特的产品戴在头上，而我们的头发不再仅仅是为了保暖，而更多的是为了吸引别人的目光。

所有这些演化过程都对我们的代谢率产生了显著影响。只有通过这种逐渐形成的恒温性，我们才有可能发展出如此庞大的大脑。为了支持所需的能量供应，我们复杂的咀嚼器官是一个不可或缺的工具，它们大约在 2 亿年前逐渐演化而来。它们帮助我们更好地消化食物，但同时也意味着我们不能再随意更换牙齿。

然而，如果不是宇宙的一次偶然事件将恐龙从主导地位拉下神坛，最终这一切演化可能不会导致我们的存在。正是在白垩纪末期的陨石撞击和非鸟类恐龙的大规模绝灭之后，哺乳动物才有机会崭露头角。

在那些从藏匿处探出鼻子并发现了一个需要征服的新世界的动物中，还有一些小型的树栖动物，它们在一两千年后会被称为灵长目动物。

从恐龙的残骸中崛起——灵长目动物的起源

现在，假设我们置身于中国中部一个温暖、潮湿、茂密的森林中，时光再往前至约1000 万年前，一次巨大的撞击结束了恐龙时代。尽管全球生态系统历经了漫长的恢复期，但在始新世初期，哺乳动物的主要特征线已经确立，并开始不断分化。树梢上，有一种生物正在寻找昆虫，它们与其祖先松鼠不同，这种动物在攀爬时不完全依赖爪子，就可以灵活地抓住脚下的树枝。它身长约 23 厘米，体重约 30 克，是一种非常轻盈的生物，且完全适应了树梢上的生活。与其后代不同，它的视力尚未适应在夜间活动，因此主要在白天活动。当科学家首次发现它的骨骼化石时，将这一新物种命名为阿喀琉斯基猴（*Archicebus achilles*），其名字的第二部分源于它明显的踝骨，这让人联想到荷马史诗中的英雄，他唯一的弱点便是他的脚踝，最终导致了他的失败。阿喀琉斯基猴是一种早期灵长目动物，也是迄今为止已知的最古老的干鼻猿类代表。干鼻猿类与湿鼻猿类（包括马达加斯加的狐猴等）一起，构成了灵长目动物内部的两大演化线。灵长目动物的祖先是栖息在树上的小型的类似松鼠的动物。

值得注意的是，阿喀琉斯基猴在被描述前，另一个被认为可能是最古老的干鼻猿代表的化石曾引起全球广泛的关注。这个化石被称为达尔文麦塞尔猴（*Darwinius*），其更为人熟知的名字是“艾达”（Ida），于 1983 年在法兰克福的梅塞尔化石坑遗址被发现，在经过一段漫长的旅程后，最终于 2009 年在奥斯陆的自然博物馆被国际专家团队进行了详细描述。在专家团队中，有些人更倾向于认为“艾达”更接近狐猴（湿鼻猿）的祖先，而另一部分则坚持认为它应该被归类为干鼻猿。由于一场非常积极的公关活动（姑且用这样一种委婉的形容吧），后者的观点吸引了媒体的特别关注，不久之后，“艾达”被媒体冠以“人类祖先”之名而受到广泛报道。然而，这一观点在科学界内部受到了极大的质疑，尤其是随后的研究揭示了“艾达”实际上更接近狐猴的事实。因此，它不是人类的曾祖母，而“只能”被视为人类的“曾曾祖母”。尽管这在科学意义上仍具有重要价值，但对于媒体头条来说则显得不那么引人注目了。于是，随后只有几篇简短的报道称，“艾达”可能并没有那么特殊，之后这个话题便渐渐淡出了公众视野。这是一个很好的例子，展示了在科学宣传中，头条新闻、娱乐性、准确表达和冷静思考之间的微妙平衡。

除去媒体的喧嚣，“艾达”是一件对科学非常有启发性的化石，与梅塞尔其他早期灵长目动物一起向我们揭示了有关灵长目动物起源的宝贵信息。在阅读过程中，你是否曾想过，为什么达尔文麦塞尔猴的化石被命名为“艾达”，而不是“奥拉夫”之类的名字呢？这是因为“艾达”的化石保存得非常完整，所有的骨骼都完好无损，唯一缺失的是一个特定的骨骼——阴茎骨。如果你现在想提出异议，那么请稍微保持冷静。虽然在我们人类中，阴茎骨已完全退化，但许多其他灵长目动物和其他哺乳动物的生殖器中仍然有一种骨质支持（骨茎最长的是海象，长度超过 60 厘米）。除了“艾达”，科学家在梅塞尔还发现了雄性猴类和半猿类。20 世纪 70 年代，发现了一具阴茎骨长度大约与小腿长度相当的标本，德国各报纸当然不会错过将标题为“史前性怪物”的报道放在了头版。

值得注意的是，在梅塞尔化石坑遗址的灵长目动物中有一个有趣的现象，即许多个体被发现时只有一半（可以说是半个原猴）。这是因为大多数猴子很可能是被鳄鱼拖入湖中的。令人惊奇的是，今天我们仍然可以观察到这种现象，这些较小的猎物有时会被拖拽杀死。在这个过程中，不幸的猎物有时会被撕成两半而其中一部分没有机会变成化石（最多可能成为一块粪化石），而另一半则沉到湖底，由于水中缺氧，不但保存完好，而且在进一步的干扰下基本上也会免受侵害。

现在，让我们重新回到灵长目动物的分类。我们人类也属于干鼻猿这一类别，与阿喀琉斯基猴有着相同的起源。这一类别在大约3000万年前的渐新世时期分化出来，有一些个体可能通过那时尚未广阔的大西洋，从非洲抵达了南美洲。于是，广鼻猿（只分布在新大陆的猴子）与留在旧大陆的狭鼻猿分道扬镳（请不要问我为什么在20世纪初非常流行以猴子的鼻子来命名猴子的分支）。而在南美洲的分支中，产生了吼猴，而留在旧大陆的狭鼻猿（也是我们所属的分支）则继续独立演化。在狭鼻猿的演化历程中，萨达尼狭鼻猿（*Saadanius*）是其中的最早代表，它的化石在距离沙特阿拉伯麦加附近大约2900万年前的沉积岩中被发现，尽管化石仅包括一部分颅骨，但其牙齿和内耳结构等解剖特征显示，它是狭鼻猿的早期成员。值得一提的是，它相对突出的獠牙和明显发达的枕冠表明它可能是一只雄性动物，因为在当今的许多旧大陆猴子中，这些特征通常用于区分雄性和雌性（而在人类中已不再具备这种区别）。此外，根据头骨上一些不太美观的孔洞可以推测这种动物可能成了大型掠食者的猎物。

让我们继续追溯我们祖先的发展，来到人猿阶段，这是旧大陆猴子中的一个类别，而今天仍然存在着四种人猿——猩猩、大猩猩、黑猩猩和人类。需要注意的是，就像我们在研究马和其他物种的演化时一样，在这里我们也需要跳过许多通往其他灵长目动物的发展线。之所以提到这一点，是为了不让人误以为人猿是灵长目动物中特别特殊或最终的发展阶段。虽然我们在生命谱系中跟随通往自己的分支，但我们周围还有无数其他已灭绝和现存的物种，它们都具有自己的演化历史。我们近亲的演化主要发生在中新世时代，距今 2300 万— 500 万年。人猿中最古老的代表之一是原康修尔猿属（*Proconsul*），它们生活在东非。这些动物已经具有略微增大的大脑容积，它们的尾巴像现存的人猿一样已经退化；与此同时，它们的抓握能力也得到了良好的发展。因此，你能够坐在那里，不受尾巴的干扰，精确地翻动书页，部分原因是在我们的祖先中，手已经成为唯一的攀爬工具。在人类胚胎的最初几周，还会长出一根尾巴，但后来它会再次退化。这些情况被称为退化现象，即曾经丧失的特征再次出现。但在罕见的情况下，由于基因突变，退化没有发生。退化在人类中可以表现为尾巴，也可以表现为多余的乳头、颈部肋骨或体毛。

从现今的人猿中首先分化出来的是猩猩的分支。这一分支的最古老化石记录出现在印度 1300 万年前的岩石中。分子研究表明，实际的分化早在几百万年前就已经发生。在通往现代猩猩的演化过程中，出现了可能是有史以来最大的猿猴——巨猿（*Gigantopithecus*）。关于巨猿的确切尺寸，我们的了解不多，但关于雪人或者大脚怪是否可能是巨猿幸存者的问题，答案一定是否定的。同样，尼斯湖水怪和圣诞老人也一样。

其他分子研究表明，大约在猩猩分支分化后的几百万年，大猩猩的祖先也分化出来了。不久之后，我们的演化也从我们尚存的最近亲戚——黑猩猩的演化中分离出来。根据化石，很难确定这两个分支在分化后的确切祖先。对于这个时期，已发现了一些灵长类动物的化石，但它们通常仍然具有可以分为两类的解剖学特征。例如，大约 700 万—600 万年前的乍得沙赫人（*Sahelanthropus*）头骨，从背面的解剖特征来看更像黑猩猩的祖先，而从正面看则与南猿更为相似。因此，相对可以确定的是，它要么处于黑猩猩与人类分道扬镳的时间点之前，要么就在两个群体刚刚分裂、处于其中一个群体的基础阶段。这虽然乍听之下显得有些令人困惑，但其实并不罕见，因为两个分支在刚分离之后通常看起来还是相当相似的。所以，必须经过一段时间，特征才能形成或者退化，之后才能进行明确的归类。你可以把这个过程比作是高速公路的出口，当你沿着高速公路右侧驶出时，最初只是道路标记变得更粗，而这时你仍有机会回到高速公路上。在我们这个例子中，这个时刻就是两个种群开始分离的时刻（由于地理隔离或者通过行为差异）。虽然它们开始走不同的方向，但是它们仍然可以产生后代，并且在理论上有可能重新融合。随着你继续行驶，将会看到左侧的道路标记变成了连续的实线。理论上你仍然可以改变车道，但是你还是应该遵守交通规则。

此时，种群的分化已经非常明显，虽然（所谓的杂交种）后代在理论上仍然可能存在，但在自然界中几乎已不再出现。现在你已经完全驶出高速公路，实际上已无法再回到高速路上了（除非逆行）。

这一刻，从遗传学的角度来看，两个种群已经彻底演化成两个独立的物种。尽管从解剖学的角度看，二者之间可能还没有明显的差异。当你在行驶中细心观察，你会发现虽然你已驶离高速公路，但典型的“高速公路特征”仍然存在：车道依旧宽敞，旁边有安全护栏，可能还有隔音墙。只有当你继续前行，地方公路的特征才会逐渐增加，高速公路的特征则逐步减弱。物种分支的分化适用于所有谱系，人类和黑猩猩的分化也不例外。现在，作为古生物学家，我们并不总是能找到完整的骨骼化石，通常仅仅基于它们的部分碎片，如颅骨，来了解这些物种。为了持续这个比喻的连贯性：这个过程就像是你闭着眼睛行驶在高速公路上，只是每隔几米快速睁开眼睛瞥一眼路标，获取片段的信息。当然，这只是个比喻，请勿尝试!

顺便说一句，我们在探讨现代哺乳动物的大类群的形成（在白垩纪之前还是之后）时，遇到了一个相似但不完全相同的现象。但那是在一个更宏观的时间尺度上，并且主要的问题是我们可能无法在它们刚刚分离后立刻辨认出不同的大分支。理论上，如果有充足的完整化石，我们或许能够解决这些大的分支问题，但现在我们正试图区分更微观层面的各个属和物种（它们是演化树上最小的单元）。但由于这种转变是渐进的，即便是拥有大量化石，也很难划定明确的界限（相反，实际上可能会更加复杂）。物种形成的过程有点像物理学中的海森堡不确定性原理：当你细致观察时（尤其是在时间的维度上），不同物种间的界限会变得越来越不清晰。这就像是在高速公路的分岔口或是河流的汊流处，你可以清晰地看到两条路径，但要精确划分两条路径完全分开的确切点几乎是不可能的。

这听起来真是令人惊叹

在我们继续探究我们种族发展的最后阶段之前，我想先澄清一个常常引起混淆的问题。

记得高中时，在我们讨论演化论的课程中，有一次我缺课了一小时（我可能是生病了，或是前一晚玩牌玩得太晚）。第二天，老师提了一个问题，我回答说人类是从猿演化而来的。然后，老师和昨天上课了的同学们指正说，人类并非从猿演化而来，而是从“类猿祖先”演化来的。这种说法你可能也曾听说过。但到底哪种说法是正确的呢？人类的祖先是猿猴还是类猿？

简单来说，“猿”这个词是准确的，只要我们不特指现存的黑猩猩或大猩猩。人们常用“类猿祖先”这个表述来明确指出，人类并不是直接由现存的猿类演变而来的。正如我们现在所了解的，这种说法是完全正确的。事实上，我们的共同祖先，比如始猿（*Proconsul*）以及其他的猿类，都属于猿的范畴。它们不仅拥有所有猿类共有的典型解剖特征，如指甲替代了爪子、前视的眼睛、独特的牙齿结构等，而且它们位于灵长类演化树的核心位置。因此，我们以及我们在过去 5500 万年中的所有祖先，都可以被归类为猿。如果你对于自己“只是”猿演化树上一个分支的想法感到不舒服，认为这样的观点在某种程度上贬低了我们的起源，那么你可以换一个角度来看待这个问题：在灵长类动物中，黑猩猩是我们现存最亲近的亲属，而作为哺乳纲动物，我们与所有其他哺乳动物都有联系。作为陆栖脊椎动物，我们与所有爬行动物、两栖动物和鸟类共享共同的历史；而作为脊椎动物，我们又与所有鱼类都有着纽带联系。

事实上，作为口前动物、双侧对称动物和多细胞动物，我们甚至与演化树上的所有其他动物都有着紧密的联系。与其消极地认为“我怎么可能是猿”，不如积极地看到，多亏了我们的祖先，我们才能是这个宏大世界的一分子。

人何时成为人

赫贝特·格勒内梅厄 1984 年在歌词中问道：“男人何时成为男人？”而对我们而言，更深层的问题是：“人何时成为人？”除了一些难以分类的、可能的早期人科代表（即人类及其所有在与黑猩猩分支分离之后已灭绝的祖先），南方古猿属（*Australopithecus*）是第一个明确位于我们演化历程末端的属。它生活在大约 400 万—200 万年前的非洲南部和东部。大约在 200 万年前，从南方古猿属中分化出了我们的属——人属（*Homo*），以及我们的表亲——傍人属（*Paranthropus*）。我们已经认识了南方古猿属中最著名的代表露西。通过南方古猿的骨骼，我们可以确认，直立行走这一特征在人类出现之前就已经发展出来了。但与我们人类不同，南方古猿的大脑体积还相对较小。此外，它们的雌雄体形差异比我们人类更加明显。至于饮食，通过对牙齿上微观磨损痕迹的研究显示，南方古猿主要以水果、坚果和植物为食，肉类可能也偶尔出现在它们的食谱中。

设想一下，如果你站在一个大约 1.30 米高的南方古猿面前，你可能会感到一丝困惑，它浑身覆盖的毛发可能会让你联想到黑猩猩，但不同于黑猩猩的是，站在你面前的这个生物并不是弯腰站立，而是直立着。它的面部比黑猩猩或大猩猩要平坦，但嘴巴和眉骨比我们人类突出一些。尽管它的犬齿比人类的要大些，但远不如其他猿类那样引人注目。你可能无法与它进行高级对话（如果它还没有逃跑的话）。最终，你将如何定义面前这个存在，是作为一种动物还是一个人类，这完全取决于你自己的判断。但毫无疑问的是，你可能会发现，要在动物和人之间划定界限变得更加困难。

人属（*Homo*）已满，智人（*sapiens*）未达

大约在200万年前，东非的南方古猿演化出了最早的人类。人属的最早代表是能人（*Homo habilis*）和鲁道夫人（*Homo rudolfensis*）。在外观上，他们可能与南方古猿还非常相似。南方古猿与人属之间的过渡是渐进的，并没有明确的分界线。大脑容量的增加是一个明显的发展趋势，而最古老的石器多数被认为是能人制作的，尽管也有一些迹象表明南方古猿可能已经能够加工石头。如果你在东非偶然发现一个早期人类的头骨，通过其下颌的形状，你可以相对准确地推测出它在演化树上的大致位置。不同于稍晚出现的直立人（*Homo erectus*），我们属的这两种更早的成员（以及所有更早期的祖先）都具有U形的下颌。这意味着两边下颌的后牙排成了一条直线，而前牙则构成了一个尖锐的弧形。相较而言，直立人及其后的人类（包括我们自己）的下颌形状更接近抛物线形，看起来更像半圆形。此外，后牙上的尖峰数量也可以用来区分早期人类和他们的祖先。

最初人类的发展（很可能）完全发生在非洲，直到约190万年前，随着直立人的出现，第一次有人类离开了非洲大陆。这种“直立行走者”的成功扩散很可能与他们可以使用工具和火来熟练地改

变环境，适应自己的生活有关。直立人的大脑体积超过了他的祖先，并且在这个物种消失前的 7 万年间还在不断扩大。尽管如此，他的大脑体积仍然小于他的后代——尼安德特人和现代人类。在肯尼亚发现的一具 150 万年前的年轻骨架的精细解剖学特征表明，直立人可能已经能够发出比黑猩猩更为复杂的声音，尽管他们可能还未能掌握我们这样复杂的语言技巧，但更高级的智力使直立人成为首批迁往欧洲和东南亚的人类。

它只是有助于说明在人类演化过程中下颌形状是如何变化的。从一个紧凑的 U 形逐渐演变为更类似半圆形的结构，这导致后牙的位置位于更外侧。另外，可以明显看到，只有人类拥有下巴，这是智人（*Homo sapiens*）少数的独有特征之一。

在数十万年前，不同的人群进一步演化成了新的物种。在欧洲，尼安德特人（*Homo neanderthalensis*）随之出现，这得名于 1856 年在杜塞尔多夫附近的尼安德特谷发现的首批部分骨骼。从解剖学的角度来看，尼安德特人的体格比我们更为强壮。我们能够找到许多关于尼安德特人遭受严重伤害的证据，这不仅说明他们生活艰难，还表明受伤者得到了照料，这些本可致命的伤害因此得以治愈，使得他们能够存活下来。总的来看，尼安德特人在社交和工具使用上可能比之前我们认为笨拙的“洞穴人”要先进得多。尼安德特人可能已经会制作衣物，尽管这一点尚未得到最终证实。他们的眉骨是从祖先那里遗传下来的显著特征，与现代人相比，这是他们的一个明显区别。尼安德特人曾广泛分布于欧洲、小亚细亚以及中东地区。

在欧洲，直立人的后代演变成了尼安德特人，而留在非洲的人

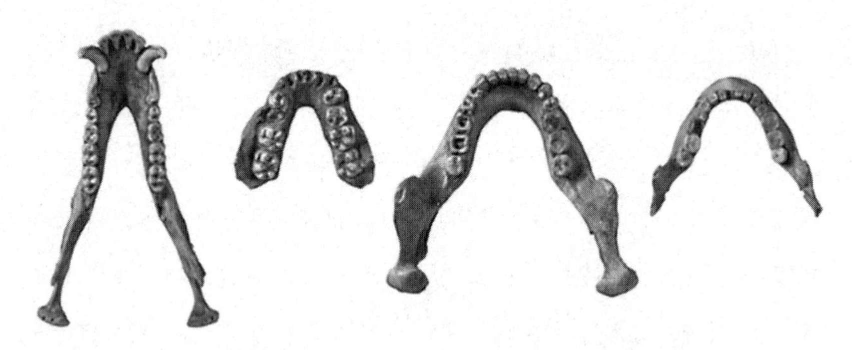

这里从左到右展示的分别为狒狒、南方古猿、直立人和现代人的下颌。狒狒不是化石，当然也不是我们直接的祖先。

群则进一步强化了他们的智力能力，这一发展趋势非常显著。因此，在大约 20 万年前，现代人类出现了。如果你在不同资料中看到了关于何时出现智人的不同时间标记，请不要感到惊讶，这种现象就像之前提到的高速公路出口的例子。对于这个相对较近期的时间段，科学家手上并不缺少化石，相反，较为丰富的化石记录使得我们可以明确看到各种人类之间逐渐过渡的情况，而这使得清晰划分变得更加困难，因为演化发展是一个漫长的过程。在研究古人类学（这一学科融合了人类学、考古学和古生物学）的两大阵营中，一派倾向于将发现的化石划分为较少的物种（被称为“合并论者”），而另一派则倾向于更细致地分类，识别出更多的物种（被称为“分割论者”）。这种现象不仅限于古人类学，还在生物学和古生物学中也有类似的观点分歧。两种立场都有各自的论据和反论。在这里，出于实用的考虑，我主要关注了几乎所有学者都公认的“最常见”的人类种类。我之所以提及这点，是为了防止你对于某些物种，比如能人（*Homo ergaster*）或海德堡人（*Homo heidelbergensis*）没有被特别提及而感到困惑。同样，你可能也在其他地方曾读到过，有观点认为智人在 40 万年前就已经出现了。

我们的祖先从非洲开始向全球各地扩散。大约在 10 万年前，他们首先跟随直立人的足迹抵达了中东，在那里他们首次遇到了尼安德特人。大约在 7 万年前，他们到达了东南亚。并在大约 2 万年后抵达澳大利亚，同时逐渐向北拓展，最终在大约 1.5 万年前跨越白令海峡来到了美洲。另一部分人群则从中东出发向西迁移，约在 4 万年前到达欧洲。在接下来的 1 万年内，尼安德特人渐渐消失了。关于他们消失的原因，科学界还未有确切答案，也可能是由于现代人更优越的狩猎技术、更高的智力以及更高的繁殖率，尼安德特人被逐渐替代或融入了现代人中。至少在今天的中东地区，我们的祖先与尼安德特人的混血是有基因证据的。因此，所有非洲以外地区的现代人都带有一定比例的尼安德特人基因。这一点在 2010 年成了热门新闻，当时摇滚歌手奥兹·奥斯本的基因组测序揭示了他拥有尼安德特人的基因。而这并非特例，如果你的祖先主要不是来自撒哈拉以南的非洲，那么你也很可能携带着尼安德特人的基因。

演化进行时

我们现在已经到了现代人的时代。那么现在呢？演化就此停止了吗？显然没有。我们的演化遗产并未忘却我们，即便是在现代医学的帮助下，我们也无法逃避自然选择的法则（我们最多只能进行一定的引导)。跟随我们祖先的脚步，我们见证了大脑体积及智力的持续增长。然而，演化的变化除了带来优势，通常还伴随着一些问题。其中就有一个空间问题。我们头骨大小在一定程度上受到母亲生产时骨盆尺寸的限制。因此，这个方向的演化都会因为空间限制而被淘汰。我们的大脑在演化过程中趋向于占据头骨内的空间，而牺牲其他非关键区域。如果你经历过因为智齿发炎而脸部肿胀一个星期的情况，你就会明白受影响的是哪个区域了。我们常见的智齿问题部分原因是它们所需的空间经常被大脑颅骨占据，导致下颌空间减少。与我们的祖先相比，我们食物中所含的植物较少，不会过度磨损牙齿，而且我们能够使用工具来加工食物，所以第三颗臼齿的功能丧失算是一个小小的代价(如果能换来智力提升的话)。换句话说，那些天生就没有智齿的人便不会遇到因智齿引起的下颌问题。因此，不长智齿实际上是一种优势，它可以避免严重的炎症，从而提高生存机会(或者在医疗条件良好的地区至少能避免七天的脸颊肿胀)。如今，大约有 20% 的现代人完全没有智齿(我个人对演化的这一恩赐表示由衷的感激)。

谈到我们的牙齿(这确实是我最喜欢的话题)，我在前面就承诺要深入探讨我们的牙齿。那么，牙齿的形态及其在演化过程中的变化究竟能透露哪些关于我们饮食的信息呢?在我们的口腔中，臼齿承担了大部分的研磨工作，因此仔细观察可以发现，臼齿从上面看呈四方形，且相比许多其他哺乳动物，并没有特别高的凸起，有 4~5 个主要嵌入到对面牙齿的凹槽中的尖峰。你不会发现像猫和狗那样的刃状结构，也没有像食草动物的臼齿上那样大量的剪切边缘。

不过，我们的牙釉质相对较厚，足以抵抗磨损，这表明我们的牙齿主要用于压碎食物。尽管从工作量的角度看，压碎并不是处理大多数食物的最佳方式，但它的一个优势在于能够适应多样化的食物来源。简而言之，我们可以咀嚼几乎所有类型的食物，但没有哪一类能处理得特别完美（在你考虑吃草之前，请记住，我们讨论的是咀嚼，消化又是另一个故事）。从牙齿的角度看，我们在演化上被塑造成了理想的杂食者。那么纯素食是否健康呢？我不知道，你最好咨询一位营养学家。不过从我们的牙齿结构来看，没有理由反对这种饮食方式，因为杂食动物通常能够很好地适应多种饮食。

“原始人饮食法”真的是古法吗

那么所谓的“原始人饮食法”或“石器时代饮食法”呢？如果你想了解这种饮食方式是否值得尝试，我的回答仍然是：我不知道，最好咨询营养学家（而不是互联网）。

这里，我们可以从“原始人饮食法”的基本假设来探讨它的合理性。简单来说，“原始人饮食法”理论认为，人类在演化过程中直到最近才开始食用奶制品和小麦产品，而在此之前的大部分时间里，人类都以狩猎和采集为生。由此推断，我们的身体并未完全适应农耕和畜牧带来的食物，因此我们应该摄取我们祖先主要食用的那些食物。

现在让我们来看一下“原始人饮食法”在古生物学上的依据。正如我们已经看到的，南方古猿在400万年前就已经是一种杂食性动物了，尽管它们主要获取的还是植物性食物。还有研究表明，不同的南方古猿种群有不同的食物偏好，随着智力的发展和狩猎技术的进步，肉类的获取变得更加常见，然而，这并不意味着总是有大量或定期可食用的肉类。对于直立人，我们可以证实他们的饮食范围非常广泛。从古生物学的角度来看，这里出现了一个小问题，即我们的祖先显然并没有遵循一种固定的饮食模式。正如今天的原住民族群所展示的，古代人类的饮食很可能在很大程度上取决于他们居住的地区。至今为止，我们尚无法详细了解“石器时代人”的具体饮食组成，因为我们缺乏足够的证据来精确判断他们的食物构成（以奥茨这样仅有大约 5000 年历史的“冰人”作为证据是不够的）。因此，我们并不确切知道我们祖先的食物组成，我们只知道他们的饮食极其多样化。不过，关于牛奶和谷物产品的观点是有道理的，尽管谷粒和种子长期以来都是我们祖先饮食的重要组成部分，但它们的可获取性在过去 1 万年中因农业以及通过畜牧业获得奶制品的发展而大幅增加。因此，我们的祖先在 20 万年前摄入的牛奶和小麦可能要比现在的我们少得多。所以，“原始人饮食法”的基本前提在本质上是正确的。

然而，从科学的角度来看，根据这个假设得出的进一步结论是存在问题的。如果我们将视角从古生物学转向遗传学，就会发现演化在过去数千年并未停歇。比如，我们欧洲祖先的遗传变异促使他们更好地适应了乳制品的消化。这说明，尽管大的演化变化通常需要较长时间，但这并不意味着在较短的时段内不会发生适应性变化。我们作为杂食者的牙齿结构也表明我们在饮食上极具适应性和灵活性。我们的饮食适应性帮助我们在全球范围内适应了各种不同的环境。因此，在断言我们“最适应”的饮食仅限于 20 万年前可得的食物时应持保留态度。采用“原始人饮食法”是否确实对我们有利，最终只能通过营养科学领域的广泛研究来确定。如果将来证实这种饮食确实有益，那么还需进一步研究，以确定这些好处是不是真的源自我们的演化遗传，还是由于其他因素（例如，这种饮食避免了油腻和高盐食品的摄入）。作为一名古生物学家，可以确定的是，我们的饮食在过去数百万年里一直相当灵活，且在不同地区有很大的差异，这都符合我们作为杂食动物的适应性。此外，自大约 1 万年前起，我们的饮食中逐渐增加了谷物和牛奶。

还有第三个分支

我之前提到了，在直立人的演化路线上分化出了三个分支。但在 2003 年之前，尼安德特人和智人被普遍认为是直立人的唯一后代。随后，一些激动人心的新化石发现震惊了世界。在印度尼西亚的弗洛勒斯岛上，人们发现了多个小型人类的遗骸。这些骨骼的年代在 10 万—6 万年，而与他们一起被发现的石器则分布在 19 万—5 万年的地层中。特别引人注目的是弗洛勒斯人（*Homo floresiensis*）较小的体形，它们也因此被称为“霍比特人”。最初对这批新发现的化石进行描述时，一些科学家曾猜测，这些可能是受疾病影响的现代人的遗骸。然而，随后发现的 9 个个体化石证明了它们是一个独立的物种。进一步的研究表明，弗洛勒斯人并非现代人的后代，而是直接从早期定居在东南亚群岛的直立人演化而来的。弗洛勒斯人身材短小，我们在（仅有 6 米长）欧罗巴龙的身上已经见过类似的现象，即岛屿矮化现象。岛屿环境能在相对短的时间内显著影响生物的体形。在有限的空间内，食物经常短缺。例如，在地中海岛屿上，我们找到了矮化山羊、河马、象和猛犸象的化石，它们的体形远小于大陆上的亲戚，特别是那些只有100千克重的迷你型厚皮动物，可能就是希腊传说中独眼巨人——狄俄普斯的原型。你没看出这之间的联系？请设想一下大象的头部结构，中间是突出的鼻子，而眼睛则不那么显眼。大象的头骨也是类似的，中间有一个大"鼻孔"。现在，如果你是一个古希腊人，在克里特岛发现了一个比人类稍大、带有长牙和中间有一个大洞的头骨，而你又没学过解剖学，那么你可能会认为自己找到了独眼巨人的遗骸。想象一下，如果在《奥德赛》中，伙伴们在洞穴中遇到的不是名叫波吕斐摩斯的巨人，而是一头大约一米高的小象，那么故事将失去许多悬念和戏剧性。除了可爱的小象，地中海岛屿上的巴利阿里矮山羊和在多个岛屿上发现的矮河马都是岛屿矮化的典型例子。在这里，我们可以观察到从大陆迁移而来的动物种群快速发生变化，因为突然间，体形最小的个体拥有了最大的优势。目前，许多研究正在进行，旨在探索这些变化是如何发生的，以及生命历程中的生长模式是如何改变的。通过分析骨骼中的生长环，可以了解这些动物是生长速度减慢了，还是在生命的较早阶段生长就停止了。也许比它们在岛屿上的生活阶段更引人入胜的问题是，河马和山羊是如何到达地中海岛屿的，因为尽管现代大象以能够游过长距离的海洋而闻名，但河马这样做就较为罕见了（更不用说山羊了）。

这个谜题的解答是：它们并不是游到地中海岛屿的，而是在大约 600 万—500 万年前，地中海几乎干涸时，它们走着过去的。是的，你没看错，地中海在中新世末期曾经干涸，这一现象被称为“墨西拿盐度危机”，这是由于非洲板块向北移动时，暂时封闭了直布罗陀海峡（这里只是简化的解释）。结果，地中海除了少数几个盆地，几乎干涸，这使得动物得以在非洲和欧洲之间自由迁徙。这一干涸的证据最初是通过钻探岩心发现的，当时人们在地中海深海沉积物中突然发现了指示干涸的沉积物（例如石膏），还有只能在浅水中形成的叠层石——也就是微生物席。在这个新形成的大谷地中，一些较高的地区则被动物所占据。

然而，在大约 530 万年前，海水重新通过直布罗陀海峡涌入，再次填满了地中海盆地，水流速度之快，导致入海口迅速变大，有时每小时有数百万立方米的海水以超过 100 千米的速度从大西洋奔涌入干涸的地中海。据推算，这可能使得海平面每年上升约 10 米。但是，这个场景并不适合作为《圣经》中洪水的历史依据，因为即使是南方古猿在这个时期也尚未出现。动物们突然发现自己被困在资源稀缺的岛屿上，结果是在几代之内，它们的体形迅速变小。现在，让我们回到我们在爪哇岛的小型亲戚的话题。

直立人是如何到达弗洛勒斯岛的，目前还不得而知，因为现有的化石证据还不够充分。他们可能是有意前往该岛屿，或者是一些个体因风暴意外地漂流到那里。不过，可以肯定的是，这些直立人的后代，就像许多其他动物一样，随着时间的推移逐渐变小，并最终演化成了弗洛勒斯人。如果你正在思考人类是否也有可能在岛屿上经历类似的矮化过程，那我必须承认，这个问题的答案并不确定。

一方面，有可能我们能够更好地调整我们的环境以满足我们的需求，从而抵抗这种演化过程；另一方面，也有可能在历史上没有任何较小的岛屿被隔绝得足够长，以至于能够引发可观察到的变化。除了“霍比特人”，我们人类近期演化史的研究也可能会带来更多激动人心的发现，例如，科学家们在东南亚发现了与我们已知的人类种群在遗传上有所区别的其他人类群体。然而，鉴于这些发现通常只是基于极为有限的化石证据，因此许多问题仍然悬而未决，还有待未来的科研工作者去解答。

最终，我们可以确信的是，在大约十万年前，有多个人类物种同时生存在这个星球上。谁能说得清——如果今天地球上仍然有多个并存的人类物种，我们或许就不会错误地认为自己在生命之树上占据了一个与大自然的其他部分隔绝开来的超然特殊位置了。

结语：我们的未来将会如何

在本书中，我尽力向你展示了古生物学家的工作方式，并且勾勒出了我们人类的演化历程。你可能会好奇，我们和这个星球将何去何从。我们无法预测未来的演化路径。唯一确定的是，演化不会在我们身上停止。尽管我们有医学和技术来提高我们的生存概率，从而影响我们的发展，但有一个因素始终存在：我们的特性会影响我们的生存和繁殖能力。只要这一点仍然成立，演化（尽管可能不像其他生物那样剧烈）就仍将继续影响我们。虽然我们无法准确预见未来的模样，但我们可以尝试从未来的视角回顾当下。假设我们是来自外星球的古生物学家，来到地球在当代地层中寻找人类的化石。我们会发现什么？首先是大量的考古遗迹。我们常开玩笑说，未来的标志性化石将是可乐罐。因此，像今天这样相对简单地在考古学和古生物学之间进行区分自然是不可能的。

但如果我们先不考虑人类文明的产物，仅专注于化石遗迹本身，未来的古生物学家会发现什么？这在很大程度上取决于他们处于未来的哪个时间点。我们回望过去的时间越久远，古生物学为我们呈现的图景就越模糊。这是因为相对来说，新的岩石更为常见。岩石越古老，就有更多的时间被侵蚀、被其他岩层覆盖或沉入地球内部。岩石的减少自然也意味着化石的减少。这就导致，如果有一位古生物学家在200万年后回望历史，他能够勾勒出的人类历史画面将会比另一位在2亿年后的古生物学家要精确得多。在后一种情况下，可能只能在少数保存了我们这个时代沉积物的遗址中找到少量的人类化石。然而，在不远的未来，特别是由于我们埋葬死者的习惯，我们可能会留下大量的化石记录。通过这些化石，我们可以确认人类曾在全球范围内广泛分布。此外，如果智齿有一天完全消失了，我们还可以根据特定特征的演变来作出判断。此外，我们还可以将现代人的骨骼与我们祖先的骨骼进行比较，研究我们的生活方式以及科技是否像古代那样，是通过使用工具开拓新食物来源和生境，导致了我们骨骼构造上的变化。

回顾历史，我们可能会发现，人类的全球性崛起与一次大规模物种灭绝事件在时间上吻合，并推测我们可能在其中扮演了一定的角色。即便没有我们的考古遗迹，未来的古生物学家也会注意到这种两足行走的灵长类动物的特殊性，它的分布范围比地球历史上任何其他大型哺乳动物都要广泛和频繁。然而，在此之前，我们古生物学家仍将继续探索过去的生命。在过去几个世纪中，伟大的探险家们逐渐填补了地图上的空白。但历史的宝藏还未被完全挖掘。我们仍然可以继续探索更遥远的未知生态系统，发现前人未曾见过的生物。

在泥盆纪，植物已经覆盖了陆地，动物们随后而至。先是昆虫，然后是鱼类……
我将是第一个登陆的！
嗯……看起来昆虫已经在那里了！
别担心，他们不顶用！
为什么呢？
因为这一切将由我的后代来记载！

《大举登陆》

致 谢

我衷心感谢乔治·奥莱辛斯基等提供了那些精美的摄影作品供本书使用，以及所有给予我建议和反馈的人。我还要特别感谢我的父母，他们在我成为一名古生物学家的道路上一直予以支持，还有米娜，感谢她与我共同走过这段路程。